全国餐饮职业教育教学指导委员会重点课题"基于烹饪专业人才培养目标的中高职课程体系与教材开发研究"成果系列教材

全国餐饮职业教育创新技能型人才培养"十三五"规划教材

总主编◎杨铭铎

# 食品雕刻与冷拼


主　编　周　毅　王俊光　周建龙

副主编　温继军　白冬宇　杜德新　母健伟

编　者　（按姓氏笔画排序）

王俊光　邓　军　邓铁成　白冬宇

母健伟　杜德新　李延辉　周　毅

周建龙　常学智　康恩建　温继军


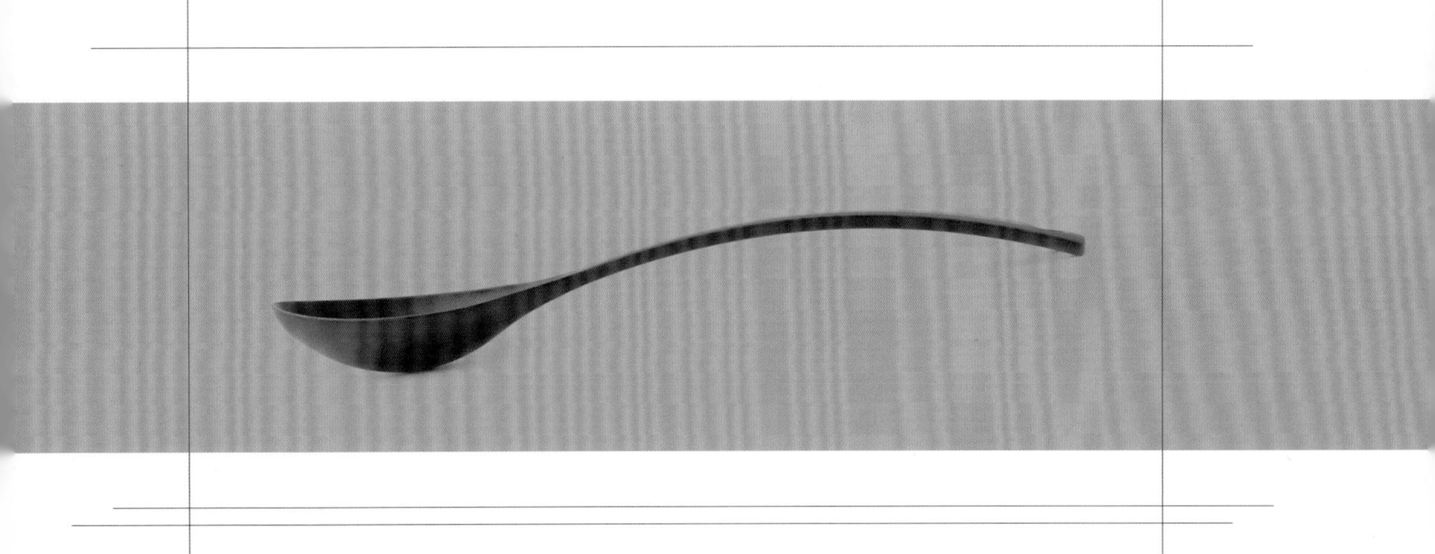


華中科技大學出版社

http://press.hust.edu.cn

中国·武汉

## 内容简介

本教材为“十四五”职业教育国家规划教材、全国餐饮职业教育教学指导委员会重点课题“基于烹饪专业人才培养目标的中高职课程体系与教材开发研究”成果系列教材、全国餐饮职业教育创新技能型人才培养“十三五”规划教材之一。

本教材分为食品雕刻与冷拼两部分。食品雕刻部分包括食品雕刻基础知识、景物建筑篇、花卉篇(整雕、组合雕)、鱼虾虫篇、禽鸟篇、食品雕刻提高篇等;冷拼部分包括冷拼基础知识、冷拼制作常用原料及加工制作方法、基础类冷拼、景观实物类冷拼、植物象形类冷拼、冷拼提高篇等。

本教材以图片为主,配备了丰富的操作视频等数字资源,可作为烹饪相关专业中职学校学生和高职院校普高起点学生的教材,也可用于职业资格鉴定培训、食品雕刻或冷拼专业技能培训,还可作为相关技能竞赛参考用书。

**图书在版编目(CIP)数据**

食品雕刻与冷拼/周毅,王俊光,周建龙主编.—武汉:华中科技大学出版社,2020.1(2024.8重印)
ISBN 978-7-5680-5960-2

Ⅰ.①食… Ⅱ.①周… ②王… ③周… Ⅲ.①食品雕刻-职业教育-教材 ②凉菜-制作-职业教育-教材
Ⅳ.①TS972.114

中国版本图书馆CIP数据核字(2019)第300622号

**食品雕刻与冷拼**
Shipin Diaoke yu Lengpin

周 毅 王俊光 周建龙 主编

策划编辑:汪飒婷
责任编辑:汪飒婷
封面设计:廖亚萍
责任校对:阮 敏
责任监印:周治超
出版发行:华中科技大学出版社(中国·武汉) 电话:(027)81321913
武汉市东湖新技术开发区华工科技园 邮编:430223
录 排:华中科技大学惠友文印中心
印 刷:武汉科源印刷设计有限公司
开 本:889mm×1194mm 1/16
印 张:11
字 数:309千字
版 次:2024年8月第1版第9次印刷
定 价:49.90元

**全国餐饮职业教育教学指导委员会重点课题**

**“基于烹饪专业人才培养目标的中高职课程体系与教材开发研究”成果系列教材**

**全国餐饮职业教育创新技能型人才培养“十三五”规划教材**

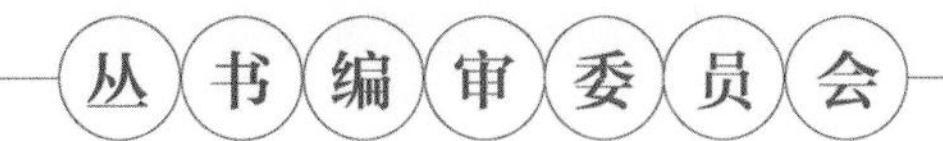

# 网络增值服务

## 使用说明

欢迎使用华中科技大学出版社医学资源网

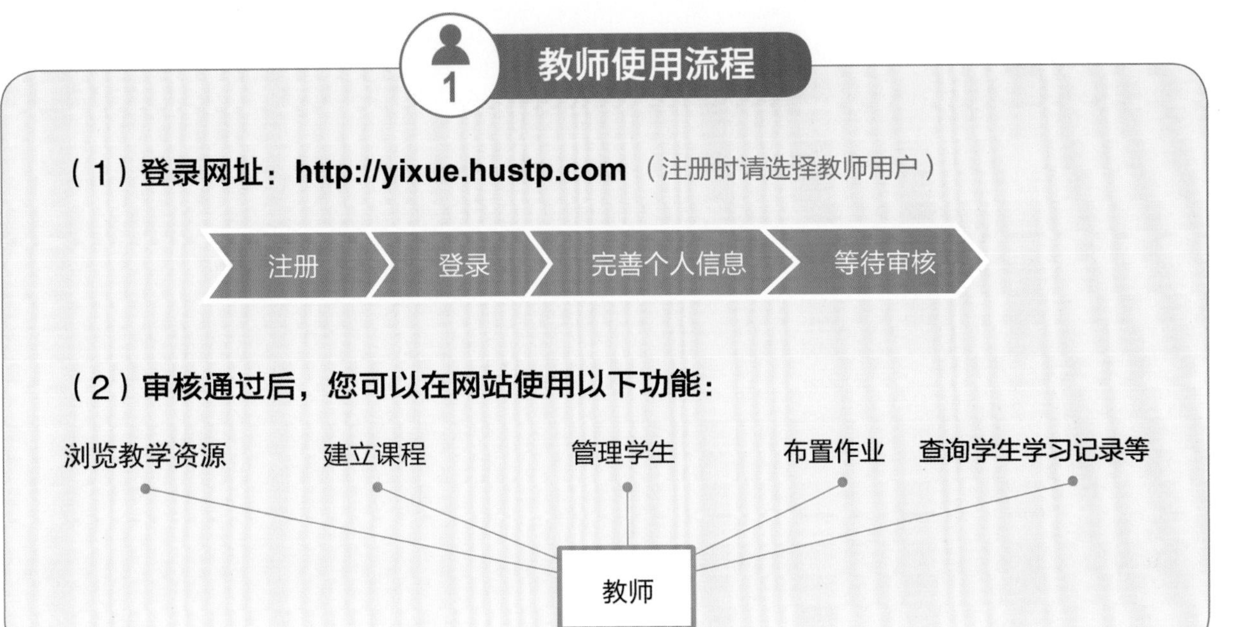


### 2 学员使用流程

（建议学员在PC端完成注册、登录、完善个人信息的操作。）

**（1）PC端学员操作步骤**

①登录网址：http://yixue.hustp.com（注册时请选择普通用户）

注册 → 登录 → 完善个人信息

②查看课程资源：（如有学习码，请在“个人中心—学习码验证”中先通过验证，再进行操作。）

**（2）手机端扫码操作步骤**

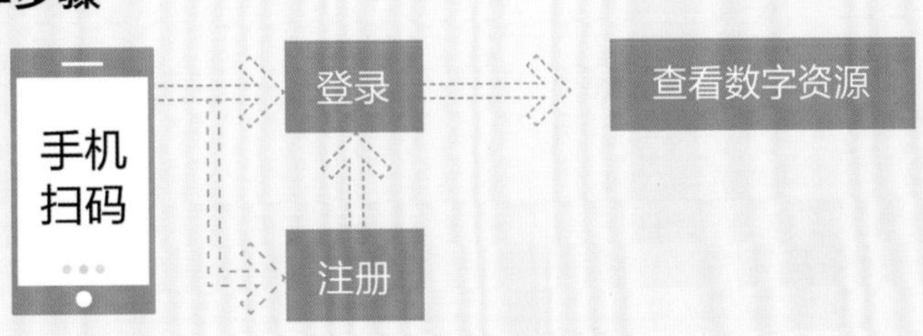

# 开展餐饮教学研究　加快餐饮人才培养

餐饮业是第三产业重要组成部分，改革开放40年来，随着人们生活水平的提高，作为传统服务性行业，餐饮业对刺激消费需求、推动经济增长发挥了重要作用，在扩大内需、繁荣市场、吸纳就业和提高人民生活质量等方面都做出了积极贡献。就经济贡献而言，2018年，全国餐饮收入42716亿元，首次超过4万亿元，同比增长9.5%，餐饮市场增幅高于社会消费品零售总额增幅0.5个百分点；全国餐饮收入占社会消费品零售总额的比重持续上升，由上年的10.8%增至11.2%；对社会消费品零售总额增长贡献率为20.9%，比上年大幅上涨9.6个百分点；强劲拉动社会消费品零售总额增长了1.9个百分点。中国共产党第十九次全国代表大会（简称党的十九大）吹响了全面建成小康社会的号角，作为人民基本需求的饮食生活，餐饮业的发展好坏，不仅关系到能否在扩内需、促消费、稳增长、惠民生方面发挥市场主体的重要作用，而且关系到能否满足人民对美好生活的向往、实现小康社会的目标。

一个产业的发展，离不开人才支撑。科教兴国、人才强国是我国发展的关键战略。餐饮业的发展同样需要科教兴业、人才强业。经过60多年特别是改革开放40年来的大发展，目前烹饪教育在办学层次上形成了中职、高职、本科、硕士、博士五个办学层次；在办学类型上形成了烹饪职业技术教育、烹饪职业技术师范教育、烹饪学科教育三个办学类型；在学校设置上形成了中等职业学校、高等职业学校、高等师范院校、普通高等学校的办学格局。

我从全聚德董事长的岗位到担任中国烹饪协会会长、全国餐饮职业教育教学指导委员会主任委员后，更加关注烹饪教育。在到烹饪院校考察时发现，中职、高职、本科师范专业都开设了烹饪技术课，然而在烹饪教育内容上没有明显区别，层次界限模糊，中职、高职、本科烹饪课程设置重复，拉不开档次。各层次烹饪院校人才培养目标到底有哪些区别？在一次全国餐饮职业教育教学指导委员会和中国烹饪协会餐饮教育委员会的会议上，我向在我国从事餐饮烹饪教育时间很久的资深烹饪教育专家杨铭铎教授提出了这一问题。为此，杨铭铎教授研究之后写出了《不同层次烹饪专业培养目标分析》《我国现代烹饪教育体系的构建》，这两篇论文回答了我的问题。这两篇论文分别刊登在《美食研究》和《中国职业技术教育》上，并收录在中国烹饪协会主编的《中国餐饮产业发展报告》之中。我欣喜地看到，杨铭铎教授从烹饪专业属性、学科建设、课程结构、中高职衔接、课程体系、课程开发、校企合作、教师队伍建设等方面进行研究并提出了建设性意见，对烹饪教育发展具有重要指导意义。

杨铭铎教授不仅在理论上探讨烹饪教育问题，而且在实践上积极探索。2018年在全国餐饮职业教育教学指导委员会立项重点课题“基于烹饪专业人才培养目标的中高职课程体系与教材开发研究"(CYHZWZD201810)。该课题以培养目标为切入点,明晰烹饪专业人才培养规格;以职业技能为结合点,确保烹饪人才与社会职业有效对接;以课程体系为关键点,通过课程结构与课程标准精准实现培养目标;以教材开发为落脚点,开发教学过程与生产过程对接的、中高职衔接的两套烹饪专业课程系列教材。这一课题的创新点在于:研究与编写相结合,中职与高职相同步,学生用教材与教师用参考书相联系,资深餐饮专家领衔任总主编与全国排名前列的大学出版社相协作,编写出的中职、高职系列烹饪专业教材,解决了烹饪专业文化基础课程与职业技能课程脱节,专业理论课程设置重复,烹饪技能课交叉,职业技能倒挂,教材内容拉不开层次等问题,是国务院《国家职业教育改革实施方案》提出的完善教育教学相关标准中的持续更新并推进专业教学标准、课程标准建设和在职业院校落地实施这一要求在烹饪职业教育专业的具体举措。基于此,我代表中国烹饪协会、全国餐饮职业教育教学指导委员会向全国烹饪院校和餐饮行业推荐这两套烹饪专业教材。

习近平总书记在党的十九大报告中指出:"到建党一百年时建成经济更加发展、民主更加健全、科教更加进步、文化更加繁荣、社会更加和谐、人民生活更加殷实的小康社会,然后再奋斗三十年,到新中国成立一百年时,基本实现现代化,把我国建成社会主义现代化国家"。经济社会的发展,必然带来餐饮业的繁荣,迫切需要培养更多更优的餐饮烹饪人才,要求餐饮烹饪教育工作者提出更接地气的教研和科研成果。杨铭铎教授的研究成果,为中国烹饪技术教育研究开了个好头。让我们餐饮烹饪教育工作者与餐饮企业家携起手来,为培养千千万万优秀的烹饪人才、推动餐饮业又好又快地发展,为把我国建成富强、民主、文明、和谐、美丽的社会主义现代化强国增添力量。

全国餐饮职业教育教学指导委员会主任委员

中国烹饪协会会长

《国家中长期教育改革和发展规划纲要(2010—2020年)》及《国务院办公厅关于深化产教融合的若干意见(国办发〔2017〕95号)》等文件指出:职业教育到2020年要形成适应经济发展方式的转变和产业结构调整的要求,体现终身教育理念,中等和高等职业教育协调发展的现代教育体系,满足经济社会对高素质劳动者和技能型人才的需要。2019年1月,国务院印发的《国家职业教育改革实施方案》中更是明确提出了提高中等职业教育发展水平、推进高等职业教育高质量发展的要求及完善高层次应用型人才培养体系的要求;为了适应"互联网+职业教育"发展需求,运用现代信息技术改进教学方式方法,对教学教材的信息化建设,应配套开发信息化资源。

随着社会经济的迅速发展和国际化交流的逐渐深入,烹饪行业面临新的挑战和机遇,这就对新时代烹饪职业教育提出了新的要求。为了促进教育链、人才链与产业链、创新链有机衔接,加强技术技能积累,以增强学生核心素养、技术技能水平和可持续发展能力为重点,对接最新行业、职业标准和岗位规范,优化专业课程结构,适应信息技术发展和产业升级情况,更新教学内容,在基于全国餐饮职业教育教学指导委员会2018年度重点课题"基于烹饪专业人才培养目标的中高职课程体系与教材开发研究"(CYHZWZD201810)的基础上,华中科技大学出版社在全国餐饮职业教育教学指导委员会副主任委员杨铭铎教授的指导下,在认真、广泛调研和专家推荐的基础上,组织了全国90余所烹饪专业院校及单位,遴选了近300位经验丰富的教师和优秀行业、企业人才,共同编写了本套全国餐饮职业教育创新技能型人才培养"十三五"规划教材、全国餐饮职业教育教学指导委员会重点课题"基于烹饪专业人才培养目标的中高职课程体系与教材开发研究"成果系列教材。

本套教材力争契合烹饪专业人才培养的灵活性、适应性和针对性,符合岗位对烹饪专业人才知识、技能、能力和素质的需求。本套教材有以下编写特点:

1. 权威指导,基于科研　本套教材以全国餐饮职业教育教学指导委员会的重点课题为基础,由国内餐饮职业教育教学和实践经验丰富的专家指导,将研究成果适度、合理落脚于教材中。

2. 理实一体,强化技能　遵循以工作过程为导向的原则,明确工作任务,并在此基础上将与技能和工作任务集成的理论知识加以融合,使得学生在实际工作环境中,将知识和技能协调配合。

3. 贴近岗位,注重实践　按照现代烹饪岗位的能力要求,对接现代烹饪行业和企业的职业技能标准，将学历证书和若干职业技能等级证书（“1＋X”证书）内容相结合，融入新技术、新工艺、新规范、新要求，培养职业素养、专业知识和职业技能，提高学生应对实际工作的能力。

4.编排新颖，版式灵活　注重教材表现形式的新颖性，文字叙述符合行业习惯，表达力求通俗、易懂，版面编排力求图文并茂、版式灵活，以激发学生的学习兴趣。

5.纸质数字，融合发展　在新形势媒体融合发展的背景下，将传统纸质教材和我社数字资源平台融合，开发信息化资源，打造成一套纸数融合一体化教材。

本系列教材得到了全国餐饮职业教育教学指导委员会和各院校、企业的大力支持和高度关注，它将为新时期餐饮职业教育做出应有的贡献，具有推动烹饪职业教育教学改革的实践价值。我们衷心希望本套教材能在相关课程的教学中发挥积极作用，并得到广大读者的青睐。我们也相信本套教材在使用过程中，通过教学实践的检验和实际问题的解决，能不断得到改进、完善和提高。

2018年全国餐饮职业教育教学指导委员会重点课题"基于烹饪专业人才培养目标的中高职课程体系与教材开发研究"(CYHZWZD201810)正式立项。在课题负责人杨铭铎教授的带领以及华中科技大学出版社的积极组织下，近100所本科、高职、中职烹饪院校及行业、企业的近300名专业学科带头人、一线骨干教师、行业企业人才，参与了该课题项目。

2019年11月该课题项目荣获由国家科学技术奖励工作办公室认定，国家科学技术部准予登记的"中餐科技进步奖"理论建设一等奖。

该项目本着"以烹饪专业人才培养目标为切入点，以职业技能标准为结合点，以课程体系与课程标准为关键点，以教材开发为落脚点"的指导思想，开发了32种中高职烹饪专业系列教材，即全国餐饮职业教育教学指导委员会重点课题"基于烹饪专业人才培养目标的中高职课程体系与教材开发研究"成果系列教材、全国餐饮职业教育创新技能型人才培养"十三五"规划教材。本教材是该系列教材之一，力争将烹饪专业人才与社会职业岗位有效对接并通过贯彻职业技能标准、课程开发、教材建设精准实现培养目标。

"食品雕刻与冷拼"是烹饪专业的核心技能课程，本书根据烹饪专业学生的特点，参照中式烹调师职业资格相关知识技能要求，紧跟全国职业院校技能大赛规程，在典型操作实例中融入中餐烹饪岗位所需要的基础知识和基本技能。本书以具体任务为载体，倡导在做中学、在学中做，提高学生自主学习的能力，启发思路、举一反三，培养学生的创新能力，以适应本行业动态发展的需要。

本教材主要包括食品雕刻和冷拼两大部分，食品雕刻部分共7个项目，30个任务；冷拼部分共6个项目，26个任务。

本教材具有以下特点：

**❶ 结合行业标准，与企业精准对接**　本教材中的项目以中餐烹饪实际工作任务为引领，以盘饰和冷菜岗位应具备的职业能力和职业素养为依据，以盘饰和冷菜技术难度为线索，按照工艺类型由简单到复杂进行编写。

**❷ 以赛促教，融入竞赛元素**　课程的编写过程中，多次研究全国职业技能大赛烹饪项目竞赛规程，将果蔬雕刻、冷拼赛项的竞赛内容和标准融入教材中，增加了相关的教学内容，例如冷拼中，融入了近年竞赛中常见的"各客"小拼盘，并在"知识拓展"中展示了编者多年的竞赛成果，拓展了学生的视野，做到"以赛促学，以赛促训"。

**❸ 教学品种简单，但细节追求完美** 编者根据多年教学经验，并结合学生实际能力，经过多次讨论，认真筛选食品雕刻和冷拼的每一个任务，确保每一个教学品种既能与行业工作任务对接，又能让大部分学生看得懂、学得会、做得出。另外，对于简单的作品，追求精益求精的“工匠精神”，追求细节的完美。

**❹ 大国工匠，示范引领** 党的二十大报告指出：“青年强，则国家强。”本书第一主编周毅，怀抱梦想又脚踏实地，敢想敢为又善作善成，有理想、敢担当、能吃苦、肯奋斗，是新时代好青年的典范。书中插入相关案例，展示了大国工匠的成长之路与奋斗之路，让烹饪学子从书中感悟作者对专业执着的追求。

本书可作为烹饪相关专业中职学校学生和高职院校普高起点学生的教材，也可用于职业资格鉴定培训、食品雕刻或冷拼专业技能培训，还可作为相关技能竞赛参考用书。

本书由苏州市糖王艺术培训有限公司周毅、佛山市顺德区梁銶琚职业技术学校王俊光、淄博市技师学院周建龙担任主编，周毅负责操作视频的拍摄、制作和全书技术指导；王俊光和周建龙分别负责冷拼部分、雕刻部分的框架设计、统筹分工及定稿工作。具体编写分工如下。

雕刻部分：周建龙编写项目一，大连市烹饪中等职业技术专业学校母健伟、邓军编写项目二，东营市东营区职业中等专业学校常学智编写项目三，西安商贸旅游技师学院白冬宇编写项目四；周建龙、周毅编写项目五；周毅、周建龙和济南市技师学院李延辉、温继军、邓铁成编写项目六；周毅和李延辉、温继军、邓铁成编写项目七。

冷拼部分：东营市东营区职业中等专业学校杜德新编写项目八，王俊光编写项目九，周建龙编写项目十，王俊光、白冬宇编写项目十一，王俊光编写项目十二，王俊光、周建龙、白冬宇、杜德新、康恩建编写项目十三；杜德新、康恩建负责冷拼部分的排版及图片整理工作。

在编写过程中，本书参考、引用了部分资料及书籍，在此对这些资料及书籍的作者深表谢意。本教材的编写得到了杨铭铎教授的热情帮助和华中科技大学出版社的大力支持，对于他们以及给予帮助和支持的老师、学生和朋友们表示深深的谢意！

鉴于编者的学识和时间所限，书中难免有疏漏之处，我们企盼在今后的教学中，有所改进和提高。恳请广大读者批评指正。

**编者**

# 目录

# 第一部分

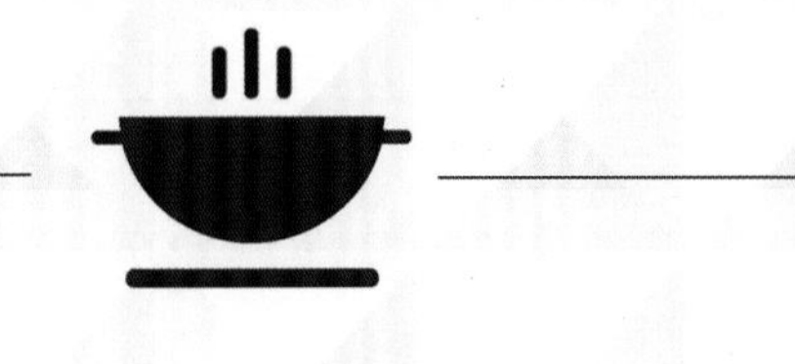

# 食 品 雕 刻

# 食品雕刻基础知识

## 项目导学

思政园地

食品雕刻历史悠久，是我国烹饪文化中一门宝贵的传统艺术，它与石雕、木雕等工艺雕刻原理基本一样，但其采用的原料不同、技法不同，故具有独特的艺术性。食品雕刻基础知识是学好食品雕刻的理论铺垫，只有全面认知食品雕刻基础知识，才能进一步掌握食品雕刻具体品种的雕刻技法。

## 项目目标

知识教学目标：通过本项目的学习，能够理解食品雕刻的定义；熟悉食品雕刻在烹饪中的作用；掌握食品雕刻原料的品质特点以及如何应用。

能力培养目标：能够保证食品雕刻的安全与卫生，学会运用食品雕刻成品的着色方法以及成品保管方法；能正确识别食品雕刻工具的种类、名称并熟悉其用途。

职业情感目标：让学生养成遵守规程、安全操作、整洁卫生的良好习惯，并正确培养学生的审美能力，语言表达、沟通和协调能力。

## 任务一 食品雕刻的定义及作用

### 任务描述

本任务主要介绍了食品雕刻的定义以及其在烹饪中的应用，通过学习正确认识食品雕刻，对其产生兴趣，为学好食品雕刻打下理论基础。

### 任务目标

1. 了解食品雕刻的定义。
2. 熟悉食品雕刻在烹饪中的作用。
3. 正确认识食品雕刻的实用性，增强对本专业的情感认知。

### 一、食品雕刻的定义

食品雕刻技艺是中国饮食文化的组成部分。正如中国其他工艺美术中的玉雕、石雕一样，食品雕刻也是一门充满诗情画意的艺术，体现了中国烹饪师高超的技艺与巧思，被外国朋友赞誉为“中国

厨师的绝技”和“东方饮食艺术的明珠”。

食品雕刻是指运用特殊刀具与刀法，将烹饪原料雕刻成花、鸟、虫、鱼、兽等具体形象的技术。食品雕刻花样繁多，取材广泛，无论花鸟鱼虫、风景建筑、神话人物等，都可以用食品雕刻的形式表现出来。可以说，食品雕刻是在追求烹饪造型艺术、色彩搭配艺术的基础上发展起来的一种菜肴点缀、衬托的应用技术与艺术，给人以高雅优美的艺术享受，成为中国烹饪美学多种表现形式中的重要内容。

### 二、食品雕刻的作用

食品雕刻广泛运用于菜肴制作、菜点装饰、宴会看盘、展台的制作等，其主要作用体现在以下几个方面。

**❶ 美化菜点**　通过在一些菜点盘边装饰上食品雕刻作品，能美化菜点，使其色彩和形态更加完美，弥补菜点的不足，从而提高菜点品质。

**❷ 突出菜点主题**　食品雕刻使菜点的主题突出、鲜明，使宴席组合形式丰富而多样。如热菜“糖醋黄河鲤鱼”，配以一个龙门雕刻作品，则成了具有吉庆寓意的“鲤鱼跃龙门”；又如点心“莲花酥”，配以一对鸳鸯雕刻作品，则成了具有喜庆寓意的“鸳鸯戏莲”。这样的手法能让食客在享用美食的同时也能得到艺术的享受。

**❸ 烘托宴会气氛**　食品雕刻可以根据不同的宴会采用不同的展现形式，用以烘托宴会的氛围。例如，婚宴中可以雕刻“龙凤呈祥”“双喜盈门”之类的作品，寿宴中可以雕刻“万寿无疆”“寿比南山”之类的作品。另外还可以根据不同的主题来装饰、布置宴会现场，如端午节雕刻龙舟、粽子等造型；圣诞节雕刻圣诞树、圣诞老人等造型；万圣节雕刻南瓜鬼脸等造型。使整个宴会看起来更加高雅、和谐。

**❹ 展示技艺，树立品牌**　食品雕刻是衡量其烹饪技术水平的一个重要方面，特别是在每一次的大赛交流活动中，精美的食品雕刻展台往往是每一次活动的亮点，吸引着广大观众的目光。它不但反映出一名厨师的技术水准，更能体现一个餐饮企业的档次，是餐饮企业扩大宣传、树立品牌的一种必备手段。

#### 思考与练习

1. 如何理解食品雕刻的定义？
2. 食品雕刻在烹饪中有哪些作用？请举例说明。

## 任务二　食品雕刻的安全与卫生、成品的着色及保管

#### 任务描述

食品安全是人体健康的首要保障，本任务阐述了食品雕刻的安全与卫生的注意事项，以此保障人体健康；为使雕刻作品更加生动形象，详细介绍了三种食品雕刻成品的着色方法；最后为使雕刻作品更好地保存，介绍了五种食品雕刻成品的保管方法。

#### 任务目标

1. 掌握食品雕刻的安全与卫生的注意事项。

2.能够运用食品雕刻成品的着色方法和保管方法。

3.正视食品安全与卫生的重要性，养成严谨、务实的良好习惯。

## 一、食品雕刻的安全与卫生

食品的安全和卫生一直处在整个烹饪过程的最重要位置。然而食品雕刻作为烹饪过程中的一部分，与菜点的搭配非常紧密，故在雕刻过程中要保证食品的安全与卫生。如不注意反而会给菜点造成污染，对食品的卫生安全造成影响。因此，在食品雕刻制作过程中以及雕刻作品储存中要时刻注意卫生安全。食品雕刻的安全与卫生主要注意以下几个方面。

❶ **注意原料卫生** 食品雕刻的原料必须选用新鲜优质、无公害、无腐烂变质的食品原料，不得用非食品原料来雕刻成品。

❷ **注意个人卫生** 食品雕刻制作人员要注意个人卫生，不得有传染病、皮肤病等，并配有健康证。要穿戴整洁干净的工作服，勤剪指甲、勤洗手并注意消毒。注意不留长指甲。

❸ **注意工作环境卫生** 食品雕刻的工作环境要求洁净明亮，场地清洁卫生，并配有紫外线消毒设备和灭蝇灯。这样不仅能保证食品安全卫生，而且还有助于食品雕刻工作人员的创作。

❹ **注意工具卫生** 食品雕刻所使用的刀具、水盆、菜板、抹布等要保持清洁卫生，要经过消毒后方可使用。

另外，食品雕刻成品必须单独存放，以免交叉污染。食品雕刻成品使用时要注意生熟分开，尽量不要与菜点直接接触。如要用食品雕刻成品作为盛器时，要提前采用蒸煮的方法加热消毒或垫上锡箔纸等进行隔离。

## 二、食品雕刻成品的着色

食品雕刻多利用原料本身的天然色彩，不提倡着色。利用原料本身的天然色彩来表现作品，能给人自然淡雅、朴实真切的感觉。但是有时作品色彩过于单调，就需要着色。可以采用下面几种方法进行着色。

❶ **泡色法** 选用食用色素，加入清水稀释调匀，然后根据作品要求分别放入不同色彩的色素水溶液中进行浸泡，浸泡片刻上色后去除，最后用纸巾吸去多余水分。泡色法速度快，适用于大批量食品雕刻成品的上色。

❷ **染绘法** 根据食品雕刻成品需要，选好食用色素的颜色，稀释至一定浓度后，用毛笔蘸上色素液体，染绘在食品雕刻作品的表面。染绘法易于控制色彩的深浅及浓淡，食品雕刻作品着色后更加美观、形象。

❸ **机器喷色法** 将调兑好的食用色素液体放入喷枪或喷笔中，利用空气压缩机产生高压气体把调好的液体色素喷射出去，形成雾气状的有色液体，黏附在需要着色的部位。机器喷色法上色颜色分布均匀，使食品雕刻作品上好色后显得非常逼真。

总之，无论采用哪种着色方法，都要根据食品雕刻成品实际需要而定。一般上色不宜过重，并且禁止使用非食用色素进行上色。

## 三、食品雕刻成品的保管

食品雕刻的原料均为可食性原料，并以蔬菜类原料居多，长时间与空气直接接触很容易失水变形、变色，进而腐烂变质，从而影响食品雕刻作品的艺术效果。因此，食品雕刻作品的保管就显得特别重要。食品雕刻成品的保管方法主要有以下几种。

❶ **清水浸泡法** 将作品直接放入干净的清水中浸泡，使之吸收水分。这种方法适合对作品短时间的保存。如果浸泡时间过长，食品雕刻作品就会变形褪色，甚至变质。

**❷ 矾水浸泡法**　将明矾加入清水，按 1%～2% 的浓度调配成溶液，放入食品雕刻作品进行浸泡。这种浸泡方法比清水浸泡法更能较长时间保持作品的新鲜度，并且能防止作品腐烂变质，延长储存时间。注意保持明矾水清澈透明，如溶液变混浊应立即更换。

**❸ 低温冷藏法**　将雕刻好的作品用保鲜膜包裹好，放入 5℃左右的冰箱内低温冷藏，使用时再用清水浸泡或清水喷淋。冰雕作品的保管要放置在−18℃以下的冻库中储存保管。

**❹ 明胶液隔离法**　将明胶片与清水按 1∶10 的比例加热融化后，趁热涂抹在雕刻作品的表面，待冷却后就会在其表面形成一层保护膜，从而隔绝氧气，起到保水、保色的作用。注意在采用此方法时不可将明胶液涂抹得太厚，以免影响作品整体效果。

**❺ 清水喷淋法**　将纯净水装入喷壶内，对准雕刻作品进行喷淋，使其保持水分，防止作品干枯、变色，失去光泽。这种方法主要用于雕刻作品展示期间的保鲜。

### 思考与练习

扫码看答案

1. 在食品雕刻过程中要注意哪些安全与卫生的要求？
2. 食品雕刻成品有哪些保管方法？
3. 课下练习食品雕刻成品着色方法。

## 任务三　食品雕刻工具的种类及应用

### 任务描述

古语有云：工欲善其事，必先利其器。专业、优质的工具会给我们日常操作过程中带来很多便利。食品雕刻起源于春秋时期，主要用于烹饪点缀，是将食物雕刻成各种植物、动物、人物、建筑等形态来美化菜肴、装点宴席的一门技艺。随着时间发展，食品雕刻越发精美，不再是以前的“一把雕刀走天下”。因为人们的生活和审美有了更高的提升，而一把刀进行食品雕刻会有很多局限且效果和效率会大打折扣。故现在衍生出更多专业的食品雕刻工器具，让其制作效果更好，效率更高。

### 任务目标

1. 掌握各种食品雕刻工具的特性。
2. 能够根据食品雕刻作品要求选用相应的工具，并掌握工具的运用方法。
3. 培养动手能力，养成勤奋钻研、刻苦学习的良好习惯。

捏塑是“加法”，而雕刻是“减法”，捏塑时原料少了可以加上去，而雕刻时切多了就大概率需要重来，手法通用于所有“减法”的工艺，如木雕、泡沫雕等。所用工器具有很多的共通性。所以说技法很多都是一通百通，下面详细介绍食品雕刻的工具（图 1-3-1）。

食品雕刻工具应用小贴士

#### 一、手刀

手刀又称万能刀，在雕刻过程中的使用最为普遍，是不可缺少的工具。手刀有大小两种型号：大号手刀适用于雕刻有规则的物体，如：月季花、剑兰等花卉，刀刃的长度约 7.5 厘米，宽 1.5 厘米，刀尖角度为 45°。小号手刀多适用于雕刻整雕和结构复杂的雕刻作品，其使用灵活，作用广泛，刀刃的

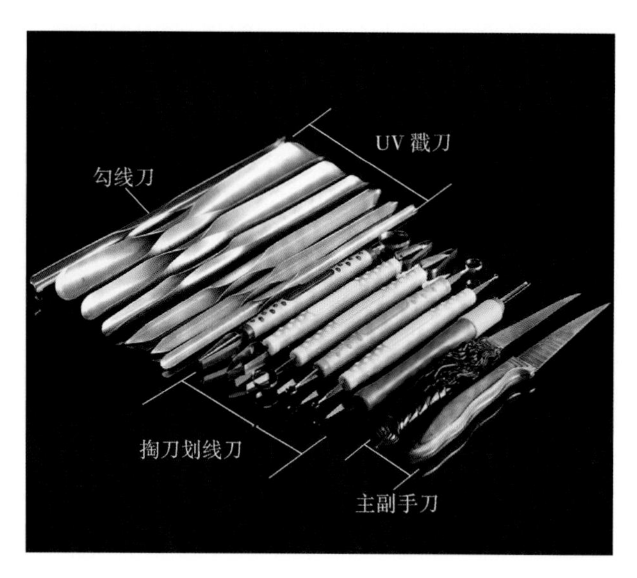


图 1-3-1

长度为 7～7.5 厘米，宽为 1.2 厘米，刀尖角度为 30°。手刀一般是用锋钢锯条制作而成的。

## 二、掏刀划线刀

掏刀划线刀是一种既可以拉线，又可以刻型，也可刻型和取废料同步完成的食品雕刻刀具。其特点是雕刻速度更快，更方便，雕刻出的作品完整无刀痕，特别适宜雕刻人物、兽类等。

## 三、戳刀

戳刀的种类较多，样式达 10 余种。其中比较常见的还是 U 型戳刀、V 型戳刀、方口戳刀、单槽弧线戳刀、钩型戳刀等。它是根据不同的雕刻品种来进行选择的。

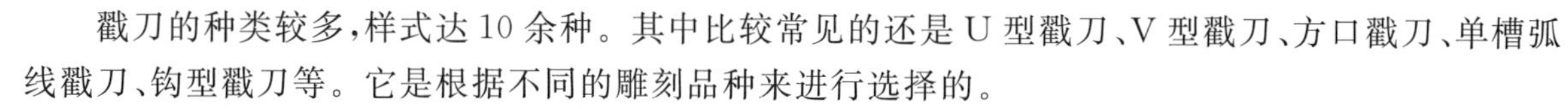

制作视频-食品雕刻工具及用途 1

❶ **U 型戳刀**　又称圆口戳刀，其刀刃的刃口横断面呈弧形，刀体长 15 厘米，两端设刃，不同型号 U 型戳刀两端刃口大小各有差异，宽的一端比窄的一端略宽 2 毫米。U 型戳刀多用于花卉及景物建筑，比如：菊花、整雕的假山，雕刻制品的弧形、动物的翅膀等。

制作视频-食品雕刻工具及用途 2

❷ **V 型戳刀**　又称尖口戳刀，刀体长 15 厘米，中部略宽，刀身两端有刃，刀口规格不一，两头都可用来刻一些较细而且棱角较明显的槽、线、角。主要用于瓜雕的花纹，线条的雕刻和鸟类的尖型羽毛，也可用于雕刻尖型花瓣的花卉。

## 四、钩线刀

钩线刀也称钩型戳刀、挑环刀，刀身两头有钩线刀刃，是雕刻西瓜灯、瓜盅纹线等的工具。

## 五、特殊雕刻工具

主要包括挖球刀、模具刀、圆规、锉刀、墙纸刀、打皮刀等。

扫码看答案

### 思考与练习

1. 手刀有哪些特点，它在雕刻中的作用是什么？
2. 戳刀分为哪两大常用类型，它们各自的作用有哪些？

Note

# 任务四 食品雕刻的原料及应用

## 任务描述

食品雕刻采用的原料极为广泛，植物性原料有根菜类、茎菜类、瓜果类、叶菜类等；动物性原料有蛋类、肉类、禽类、黄油类等。这些原料在质地、色泽、产地、上市季节等方面各不相同，在雕刻时可因时、因地、因需制宜，适当选择原料。

## 任务目标

1. 掌握各种食品雕刻原料的特性。
2. 能够根据食品雕刻作品要求进行选料，并掌握颜色搭配的方法。
3. 培养审美能力，初步感受构图能力及色彩搭配能力的重要性。

可用于食品雕刻的原料很多，凡质地细密、坚实，色泽鲜艳的瓜果或根茎类蔬菜均可。选料时要选用新鲜质好、形态端正、色泽鲜艳光洁的原料。对于初学者来说，果蔬类原料是最为基础和常用的。现将常用食品雕刻原料的品质特点及应用介绍如下。

### 一、根菜类

常用的为萝卜。萝卜的品种很多，有各种形态，各种皮色，且有皮肉不同颜色的，如红皮白瓤的红萝卜、绿皮红肉的心里美萝卜、红黄相间的胡萝卜等，都可选作雕刻的原料。

❶ **白萝卜** 体型较大，皮肉白色，质地脆嫩（图 1-4-1），适合刻制各种花卉、飞禽走兽、风景建筑等。

❷ **心里美萝卜** 皮绿肉红，色泽鲜艳（图 1-4-2），由于其颜色与花朵相近，故适合雕刻牡丹花、荷花、玫瑰花、大丽菊等花卉类品种。

❸ **青萝卜** 皮青肉绿，质地脆嫩，体型较大（图 1-4-3），适合刻制较高的古塔、花瓶、飞禽走兽、山石、房屋、人物等。

**图 1-4-1**

**图 1-4-2**

**图 1-4-3**

❹ **胡萝卜** 色泽鲜艳，形状细长，耐久存（图 1-4-4）。常用于刻制梅花、牵牛花、郁金香等花卉类品种，也适合刻制各种小型的禽鸟。

### 二、瓜果类

❶ **冬瓜** 体大肉厚，皮绿肉白内空（图 1-4-5），外皮可浮雕图案，制作成“冬瓜盅”“冬瓜灯”“冬

瓜花篮”等。

② **西瓜** 体圆形美，皮瓤红、白、绿相间（图 1-4-6），外皮可浮雕各种图案或刻画文字，制成“西瓜盅”“西瓜花”“西瓜灯”等。

图 1-4-4

图 1-4-5

图 1-4-6

③ **南瓜** 南瓜有扁圆形、长圆形、牛腿形等，体大肉厚（图 1-4-7），可浮雕各种图案，制作“南瓜盅”“南瓜花篮”，还可利用其实心部分，刻制各种较大的龙、凤、孔雀、老鹰以及人物、山水、建筑等。

④ **西红柿** 西红柿又名番茄（图 1-4-8），由于其本身色泽红润光亮，可雕刻单片状花朵，如荷花等。

⑤ **黄瓜** 常用黄瓜（图 1-4-9）制作一些简单的小型昆虫、花卉，如蝴蝶、青蛙、喇叭花、佛手花等。

图 1-4-7

图 1-4-8

图 1-4-9

## 三、茎菜类

① **土豆** 以肉色洁白、个大体圆的为好（图 1-4-10）。适合刻制各种花卉，如月季、玫瑰、牡丹花等。

② **香芋** 有些地方称“魔芋”（图 1-4-11），其水分较少，淀粉较多，刻出的作品细腻清晰。最适合刻制鸟兽、山水、风景、人物等。

图 1-4-10

图 1-4-11

### 四、叶菜类

❶ **白菜**　颜色洁白，是刻制菊花的最好原料，还可以刻制鸟类的尾翎(图 1-4-12)。

❷ **香菜**　香菜(图 1-4-13)鲜艳翠绿的梗、叶做花的陪衬、装饰最合适。

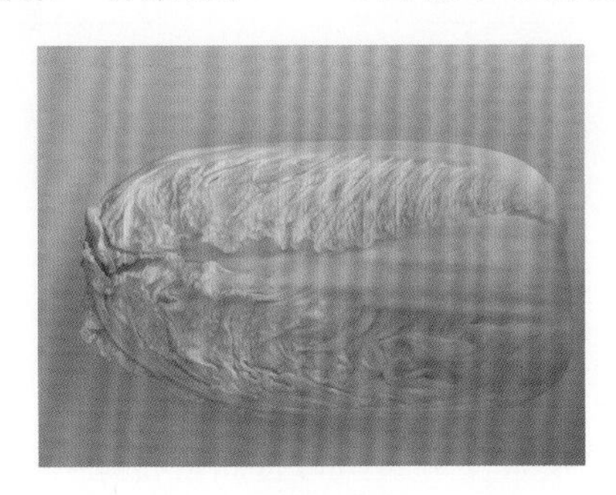

图 1-4-12

图 1-4-13

此外，可利用煮熟的鸡蛋、松花蛋、鸭蛋、鹅蛋刻制花卉、花篮等；利用蛋黄糕刻制大丽菊、梅花等，也可刻制各种禽鸟、龙头、山水风景、亭台楼阁、宝塔、小桥等。酱肉、火腿可刻制龙头、鸟头。

扫码看答案

**思考与练习**

1. 食品雕刻的原料主要有哪几类？
2. 南瓜在食品雕刻中主要用来雕刻哪些作品？请举例说明。

# 景物建筑篇

## 项目导学

建筑种类繁多、风格多变、功能各异；景物形态千变万化、色彩丰富、结构多变、各具特色。两者都是环境的重要组成部分，通过合理布局能提升环境层次，起到画龙点睛的作用。景物建筑雕刻的基础是通过“点、线、面”的综合运用，结合实物典型特征和结构特点进行雕刻。建筑和景物一般不单独以主体的形式存在，往往是作为某个主题的一部分或作为烘托主题的部分存在，在菜点制作和装饰中使用较广。

景物建筑的雕刻有一定难度，是雕刻运用的基础。本项目包含凉亭、乌篷船、拱桥、山石、墙头五个任务，通过本项目的学习熟练掌握食品雕刻工具的使用，并进一步强化食品雕刻技艺。在掌握五种景物建筑的基础上，通过拓展学习掌握更多相关品种，为后面的学习和综合运用打下坚实的基础。

## 项目目标

知识教学目标：通过本项目的学习，了解景物建筑雕刻的种类及基础知识，掌握景物建筑雕刻的操作步骤和操作要领。

能力培养目标：掌握食品雕刻中各种景物建筑的雕刻方法和技巧，并能够运用到实际工作当中，为全面掌握食品雕刻的制作和设计打下良好基础。

职业情感目标：养成遵守规程、安全操作、整洁卫生的良好习惯，并正确认识食品雕刻的实用性，增强对本专业的情感认知。

### 任务描述

雕刻凉亭应选用质地结实、体积较大的瓜果、根茎类原料，故常用实心南瓜、白萝卜、芋头、红薯等。凉亭以木质结构的最为常见，且形态多变，以芋头雕刻最为常见。根据凉亭的结构比例和特点，运用适当的雕刻手法，雕刻出结构合理、造型逼真的凉亭。

### 任务目标

1. 正确认识凉亭的种类及各类凉亭的结构特点。

2. 能够运用直刀刻、戳刀刻等技法，雕刻出形态逼真的凉亭。

3. 初步感受构图能力及色彩搭配能力的重要性。

4. 在完成凉亭雕刻制作任务中，养成认真、细致、耐心的良好习惯。

## 知识准备

凉亭（图 2-1-1）结构较为复杂，特别是木亭。雕刻中化繁为简将凉亭分为亭尖、亭顶、檐柱、底座四部分。雕刻过程关键抓住比例，一般凉亭顶部和檐柱采用黄金分割比（约 0.618）。凉亭成品要求：大小可随整体要求进行适当的调整。亭顶分单檐和重檐；柱子分圆形和方形，数量由凉亭的形状决定；底座一般与凉亭的形状一致。成品要求形态逼真，结构合理，除亭尖可用胶水粘接外，其他必须整雕。

图 2-1-1

## 任务实施

### 一、原料准备

荔浦芋头。

### 二、工具准备

切刀，砧板，主刻刀，划线刀，V 型戳刀，502 胶水，餐盘，水盆。

### 三、制作过程

制作视频-凉亭

❶ **修出大形**　将荔浦芋头洗净、去表皮，修成长方体（图 2-1-2、图 2-1-3），并用水溶性铅笔按黄金分割比标出亭顶、亭身的大致位置（图 2-1-4）。

❷ **刻出顶部大形**　用主刻刀沿着凉亭顶部四角上 1/3 处斜向下去料，刻出凉亭顶部的四个面（图 2-1-5）。然后沿每个面用主刻刀向内弧形去掉废料，雕刻出细长的顶檐（图 2-1-6）。

❸ **细刻顶部**　用主刻刀沿着四角留出凉亭顶部梁的宽度后，直刀刻出梁的大形，斜刀去除两根梁间的废料，突出梁的位置（图 2-1-7）。并用主刻刀在凉亭顶上雕刻出垂直且平行的瓦楞（图 2-1-8）。

❹ **凸出亭顶和底座**　在亭顶四周的下方向内斜切，突出窝檐和亭顶四角（图 2-1-9）。用同样方法刻出底座（图 2-1-10）。并去除亭顶与底座间的多余废料，确保亭身四面平、直，无凹凸感（图 2-1-11）。

❺ **雕刻横梁台阶**　雕刻出顶檐与亭身之间的横梁、亭身与底座之间的台阶，并去除多余废料，使亭身四面保持平、直（图 2-1-12）。

❻ **雕刻檐柱**　运用主刻刀，沿着凉亭中间部位的原料划出四根柱子，并将多余的原料去除干净，形成四根檐柱（图 2-1-13）。

❼ **修整点缀**　沿着亭檐上的瓦楞用 V 型戳刀向内戳刻，使瓦楞更加具有立体感（图 2-1-14）。整理形态后将凉亭在水中浸泡片刻后取出（图 2-1-15）。取一块小料，切成一头大一头小的锥形，然后用 V 型戳刀在原料上定出葫芦的上下大小及比例，沿着定出的位置，将上下两部分修圆，用砂纸打磨光滑呈葫芦状，将葫芦用 502 胶水粘接在凉亭的顶部（图 2-1-16）。

### 四、技术要领

1. 要控制好凉亭各个部位的比例，一般凉亭的“亭顶和亭身”“宽度和高度”采用黄金分割比，实

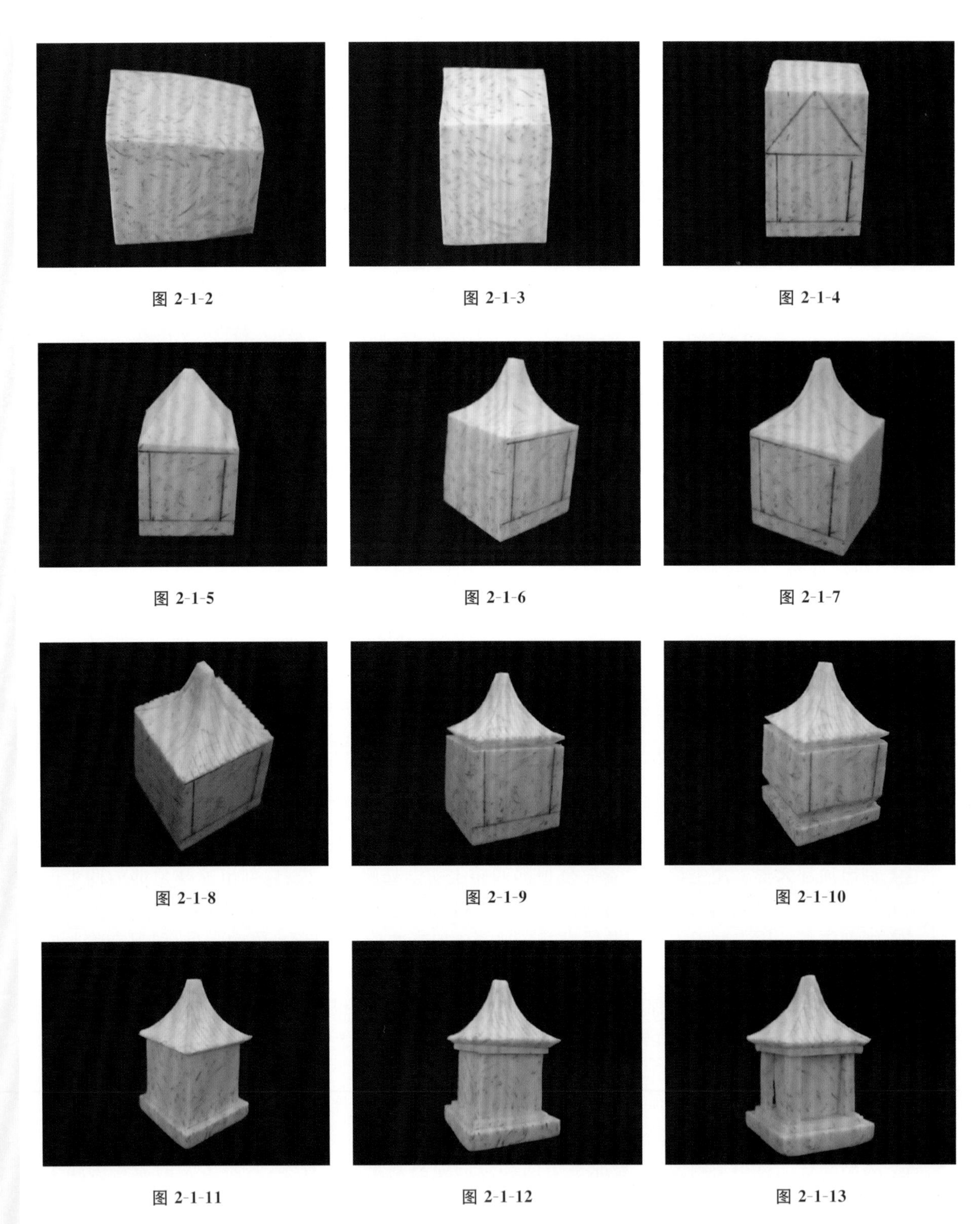
图 2-1-2
图 2-1-3
图 2-1-4
图 2-1-5
图 2-1-6
图 2-1-7
图 2-1-8
图 2-1-9
图 2-1-10
图 2-1-11
图 2-1-12
图 2-1-13

际操作中和使用中还要考虑凉亭的形状、面积和其使用功能等诸多因素。

2. 雕刻四边翘角的时候，容易导致翘角尖部断裂，要用主刀定出翘角的尖部，再去掉其他多余的废料。

3. 雕刻凉亭顶部的时候，翘角一般比窝檐略微长一点，不能比窝檐短，缩在窝檐里面。

4. 瓦楞应该宽窄均匀且平行，不能顺着梁或翘角的方向做成放射状的扇形。

5. 雕刻凉亭檐柱的时候，下刀要深(原料厚度的 1/2)而且平直，否则柱子在去料的时候容易因为

图 2-1-14

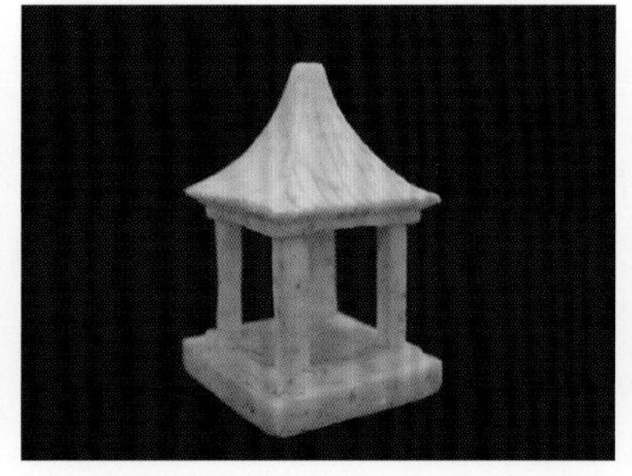
图 2-1-15

图 2-1-16

与废料连接，造成檐柱断裂或破损。

6. 凉亭的檐柱一定是最后雕刻，过早刻出檐柱会因为雕刻过程中的用力挤压，造成檐柱断裂。

7. 一般为方便起见檐柱雕刻成方形，实际操作中也可将其做成圆形。

## 知识拓展

以凉亭为主题，可以制作出哪些凉亭组合雕刻(参考图 2-1-17，图 2-1-18)？

图 2-1-17

图 2-1-18

## 思考与练习

扫码看答案

1. 雕刻凉亭顶部时要注意哪些要领？

2. 根据本任务所学凉亭的雕刻技法，雕刻出宝塔的造型。

# 任务二　乌　篷　船

## 任务描述

乌篷船在食品雕刻中应选用质地结实、体积较大的瓜果、根茎类原料，故雕刻中常用实心南瓜、荔浦芋头等原料。在雕刻乌篷船过程中要把握构造比例这一关键点，再运用适当的雕刻手法，才能雕刻出结构合理、造型逼真、形态轻巧的乌篷船。在烹饪当中可以用于菜肴的装饰，也可以体现在山水、景物的雕刻作品中。

## 任务目标

1. 正确认识与乌篷船相似的船的类型及其结构特点。
2. 能够熟练运用多种雕刻技法及工具，雕刻出形态逼真的乌篷船。
3. 通过制作作品提升自身构图能力及色彩搭配能力。
4. 在完成乌篷船雕刻制作任务中，养成认真、细致、耐心的良好习惯。

## 知识准备

乌篷船(图 2-2-1)被称为"绍兴水上三绝""绍兴三乌"之一，是浙江绍兴的独特水上交通工具，因竹篾篷被漆涂成黑色而得名。船身狭小，船篷低矮。船板上辅以草席，可坐可卧。乌篷船大多在江中驶，行则轻快，泊则娴雅，或独或群，独则独标高格，群则浩浩荡荡。乌篷船是水乡的精灵，更是水乡的风景。乌篷船成品要求：大小可随整体要求进行适当的调整，成品要求形态逼真，结构合理，除篷顶可用胶水粘接外，其他必须整雕。

**图 2-2-1**

## 任务实施

### 一、原料准备

实心南瓜、青萝卜。

### 二、工具准备

切刀，砧板，主刻刀，U 型戳刀，V 型戳刀，水溶性铅笔，划线刀，502 胶水，餐盘，水盆。

### 三、制作过程

制作视频-乌篷船

❶ **画出大形** 将实心南瓜洗净并切出一段，长约 15 厘米(图 2-2-2)。去掉四周多余废料，修成上下宽、左右窄的长方体形态(图 2-2-3)。并用水溶性铅笔在原料侧面画出船身大形(图 2-2-4)。

❷ **雕刻船身大形** 根据所画形态雕刻出船身大形(图 2-2-5)。并将船头两侧内收为 45°角，船尾略微内收(图2-2-6)。船舷两侧沿斜向下方向去掉废料，形成上宽下窄的形态，并用划线刀划刻出船舷(图 2-2-7)。

❸ **细刻船身** 船面上方用水溶性铅笔画出船头、船舱、船尾的区域，拿出划线刀沿画线部分划刻，确定并区分三个位置，再在船舷下方划刻出木质的纹路(图 2-2-8、图 2-2-9)。

❹ **修整船舱** 用主刻刀在船舱位置斜刀去料，再用掏刀将船舱内里尽量掏平(图 2-2-10)。

❺ **雕刻船篷** 取一块青萝卜打掉表皮后在去皮下方位置，用主刻刀采用旋刀雕刻的方式，刻下一段内层约为 0.2 厘米厚的绿色萝卜片(图 2-2-11)。用主刻刀在薄片中间划刻平行的竖线，每一刀要划透但不能划刻到边缘，保证均匀，再用青萝卜切制一些均匀的细条(图 2-2-12)。

❻ **组装完成** 将细条用编织纹的手法贯穿于切好的薄片内，形成船篷(图 2-2-13)。再把船篷弯曲，粘在船身上，整理细节后在清水中浸泡片刻即可(图 2-2-14)。

Note

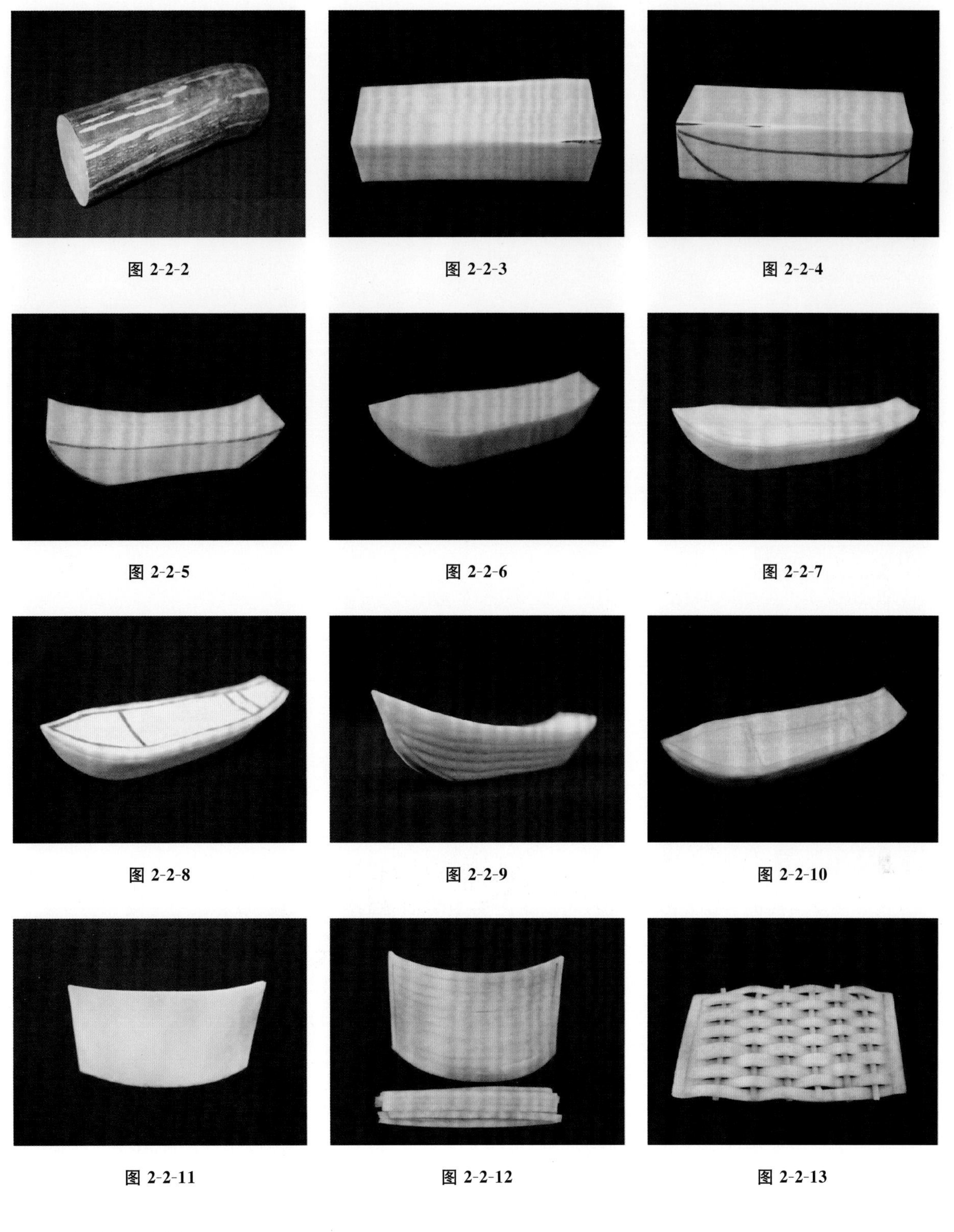

图 2-2-2　图 2-2-3　图 2-2-4

图 2-2-5　图 2-2-6　图 2-2-7

图 2-2-8　图 2-2-9　图 2-2-10

图 2-2-11　图 2-2-12　图 2-2-13

## 四、技术要领

1. 要控制好乌篷船各个部位比例，长方形原料长与宽的比例为 2∶1，高度适中，可以前高后低。
2. 雕刻船身的时候要注意船头略尖船尾略平，上宽狭窄，左右均匀对称。
3. 在划刻船舷纹路时要薄厚适中，要符合船体材质的特点，去料时应注意刀的角度及深浅。
4. 在划刻船身纹路时应注意不要过深，花纹的走向应与船舷平行，宽窄适中。

5. 在雕刻船篷薄片时要注意厚薄均匀，为 2～3 毫米，上面的刀纹要均匀平行，两侧不要刻断。
6. 编织船篷花纹时要一反一正，尽量压紧对齐。

### 知识拓展

以乌篷船为主题，可以制作出哪些乌篷船组合雕刻（参考图 2-2-15，图 2-2-16）？

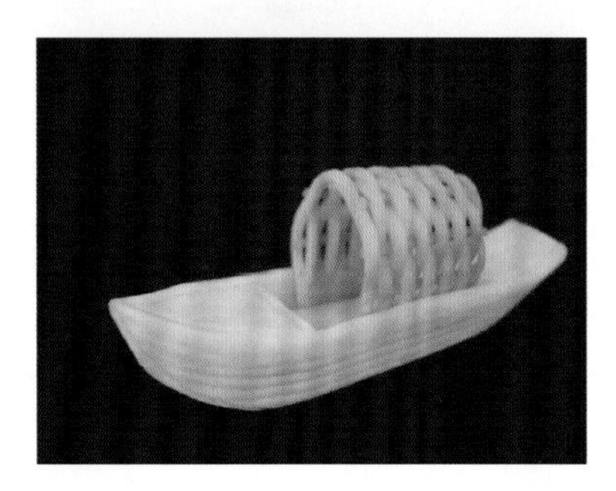

图 2-2-14

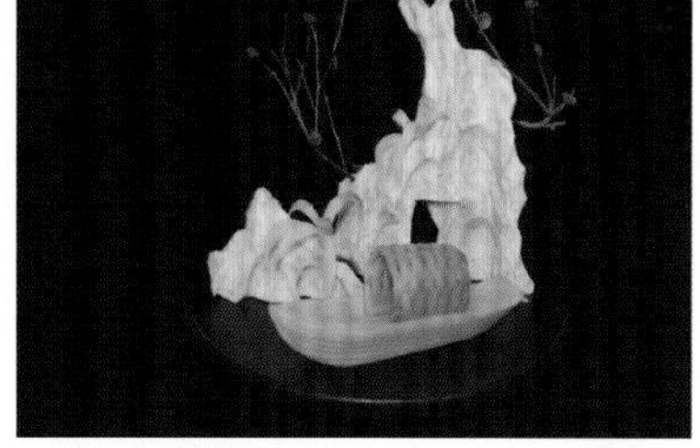

图 2-2-15

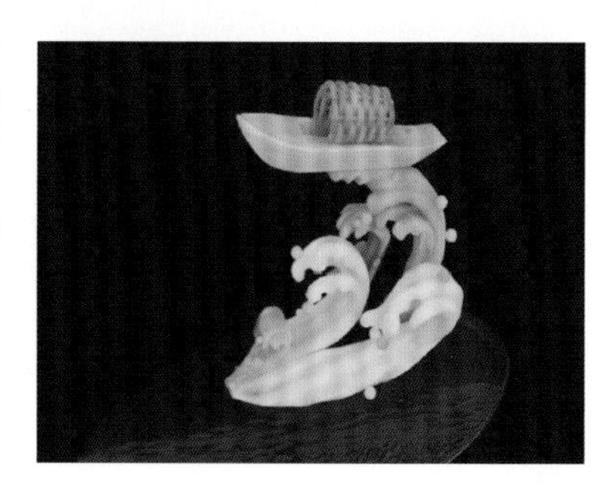

图 2-2-16

扫码看答案

### 思考与练习

1. 在雕刻乌篷船的船篷时要注意哪些要领？
2. 根据所学知识雕刻出其他船类。

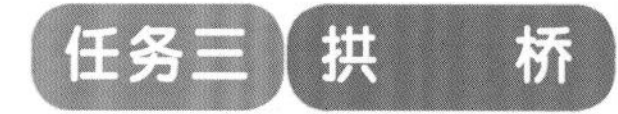

## 任务三 拱 桥

### 任务描述

桥梁以受力构件为基本依据，可分为梁式桥、拱式桥、钢架桥、斜拉桥、悬索桥五大类。桥在雕刻中一般不作为主体，所以雕刻过程中不宜做得过大，一般都以园林装饰类的小拱桥为原型进行雕刻，最为常见的即是石拱桥。

拱桥又称叠梁拱桥，大都是石桥，也有个别为木结构，梁桥又有平梁与悬臂梁之别，前者可能是石结构也可能是木结构，后者都是木结构。在所有桥的桥面上都可以建造桥廊或亭阁一类建筑，构成特别美丽的形象，称为廊桥。在拱桥雕刻技法基础上，通过技法调整和造型改变，制作出各式各样的桥梁。

拱桥雕刻应选用质地结实、形状较长、体积较大的瓜果、根茎类原料，故雕刻中常用实心南瓜、荔浦芋头等。拱桥形态多变，雕刻时要根据拱桥的特点和结构比例，运用适当的雕刻手法，才能雕刻出结构合理、造型逼真的拱桥。

### 任务目标

1. 正确认识桥梁的分类及各类桥的结构特点。
2. 根据拱桥的结构特点，正确使用工具和雕刻手法实现作品刻划。
3. 初步感受构图能力及色彩搭配能力的重要性。

4. 能根据一种桥的雕刻，拓展至其他类型的桥及相似建筑物的雕刻。

## 知识准备

图 2-3-1

石拱桥（图 2-3-1）是中国传统桥梁的四大基本形式之一。石拱桥在我国桥梁发展史上，出现较早，但它一经出现，便得到迅猛发展。千百年来，石拱桥遍布祖国山河大地，随着经济文化的发展而建造，它们是中国古代灿烂文化中的一个组成部分，在世界上曾为祖国赢得荣誉。

很多石拱桥能经得起天灾战祸的考验，历经千年而不坏，不仅被作为古迹保存下来，而且仍保持其固有功能不变，堪称奇迹。因此，桥梁在民间代表着友好、友谊、姻缘永恒的连接。

## 任务实施

### 一、原料准备

荔浦芋头。

### 二、工具准备

切刀，砧板，主刻刀，U 型戳刀，V 型戳刀，水溶性铅笔，502 胶水，餐盘，水盆。

### 三、制作过程

制作视频-拱桥

❶ **修出长方体**　将荔浦芋头洗净、去表皮（图 2-3-2）。将芋头切成长 20 厘米、宽 6 厘米、高 15 厘米的长方体待用（图 2-3-3）。

❷ **画出轮廓**　根据比例用水溶性铅笔在侧面画出桥的大形轮廓（图 2-3-4）。

❸ **雕刻大形**　根据轮廓线条用切刀或主刻刀去除多余的废料（图 2-3-5）。然后用大号 U 型戳刀戳刻出桥洞，去料位置要整齐、干净（图 2-3-6）。

❹ **勾画桥身线条**　沿侧面中间部位的桥身线条，上下各去除一层 0.2～0.4 厘米的薄片，突出桥身侧面的层次（图 2-3-7）。然后重新在侧面补上线条（图 2-3-8）。

❺ **雕刻砖块**　用 V 型戳刀，沿着桥体上的砖纹，刻出砖块的结构（图 2-3-9）。用主刻刀沿着栏杆部位的线条划刻到位（图 2-3-10）。

❻ **雕刻栏杆**　用主刻刀或切刀，沿着侧面保留栏杆的厚度，直接下刀切开原料深至桥板，然后用主刀挑出栏杆上的废料，形成一个完整的拱桥侧面（图 2-3-11）。

❼ **刻出另一面桥体**　重复步骤“4”至步骤“6”，做出对称的另一面桥体；用主刀采用平刀片的方法，去除两侧栏杆间的废料，深至桥板突出栏杆，形成拱桥的大形（图 2-3-12）。

❽ **雕刻台阶**　用主刀垂直于桥面直刻一刀，然后在直刻处下方平行桥面处平刻一刀，做出一个台阶，并以此类推做出两侧的全部台阶（图 2-3-13）。

❾ **打磨浸泡**　将桥身、桥洞和栏杆等用砂纸仔细打磨，然后再浸泡于水中片刻即可（图2-3-14）。

### 四、技术要领

1. 拱桥根据视觉效果一般大致的比例为长∶高∶宽＝3∶2∶1。

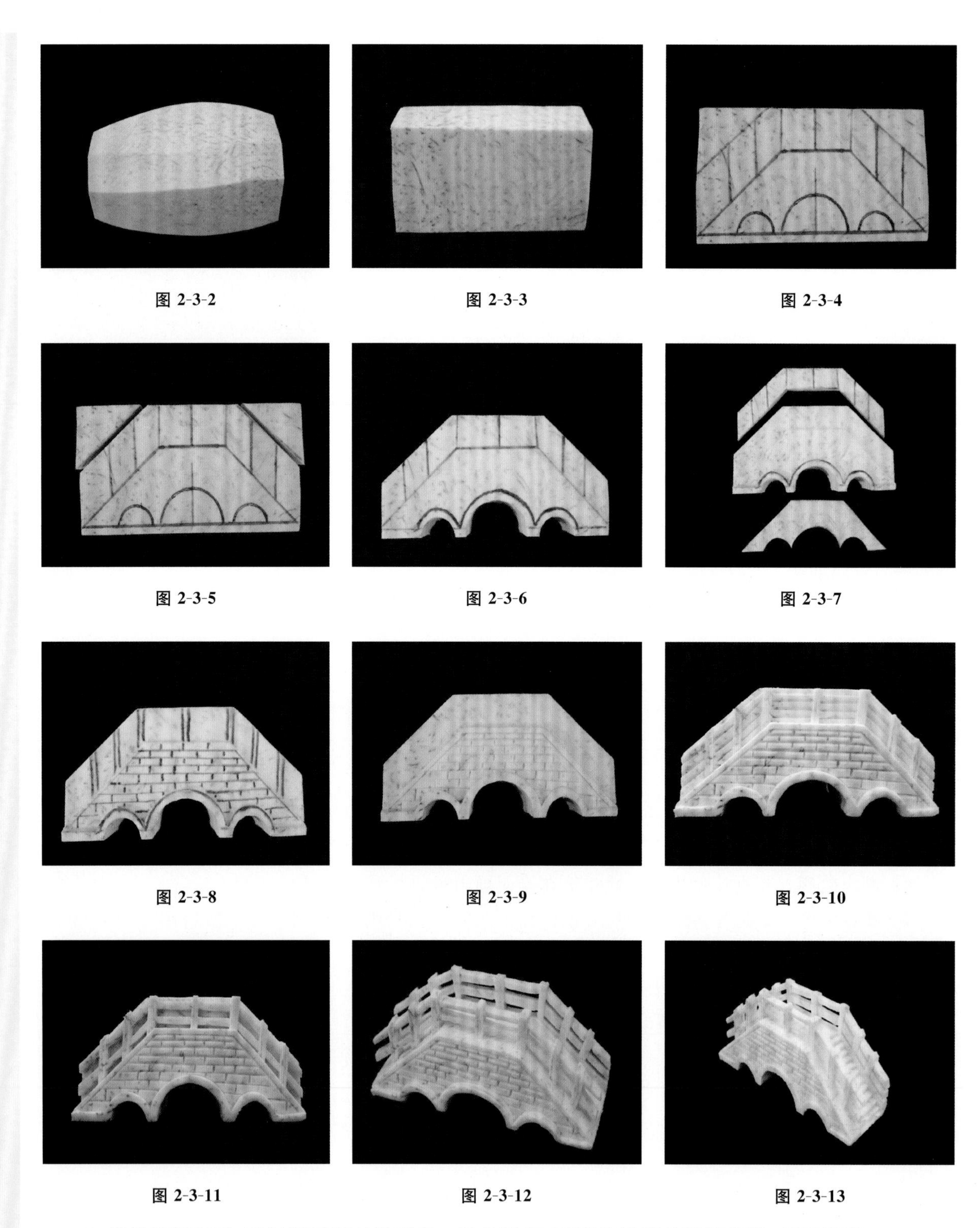

图 2-3-2 图 2-3-3 图 2-3-4

图 2-3-5 图 2-3-6 图 2-3-7

图 2-3-8 图 2-3-9 图 2-3-10

图 2-3-11 图 2-3-12 图 2-3-13

2. 拱桥开桥洞时，要保证桥洞至桥面有一定的厚度，否则拱桥容易受压变形，甚至断裂。

3. 桥身上的砖纹，一般采用错位平叠的方法，砖块要大小均匀，防止长短厚薄不断变化，导致整体纹路错乱。

4. 制作拱桥栏杆要根据轮廓线条下刀，下刀的时候刀纹深度一定要到位，否则反复操作的过程中，原料容易变形并留下大量的刀纹。

5. 栏杆上的具体样式和形态，可以根据原料的特点和整体设计要求，进行调整。

6. 桥面台阶的制作过程中，刀要横平竖直，尽量保证台阶的宽度和深度一致，以便提升整体效果。

7. 要根据需要灵活确定拱桥的大小比例和具体形态。

## 知识拓展

以拱桥为主题，可以制作出哪些拱桥组合雕刻(参考图 2-3-15，图 2-3-16)？

图 2-3-14

图 2-3-15

图 2-3-16

## 思考与练习

扫码看答案

1. 如何能够雕刻出错落有致的拱桥桥砖？
2. 课下练习拱桥的雕刻手法。

# 任务四　山　石

## 任务描述

在食品雕刻中，山石作品是应用较广且最为基础的教学品种之一。一般选用质地结实、体积较大的根茎类、瓜果类原料。山石的雕刻多以戳、挖、掏为主要技法。由于山石种类繁多且形态多变，必须要根据山石的种类特点和结构比例，运用适当的雕刻手法，才能雕刻出结构合理、造型逼真的山石。

## 任务目标

1. 正确认识山石的种类及各类山石的结构特点。
2. 熟练运用戳、掏、挖等雕刻技法，雕刻出形态自然、美观且逼真的山石。
3. 通过制作作品提升自身构图能力及色彩搭配能力。
4. 在完成山石雕刻制作任务中，养成认真、细致、耐心的良好习惯。

## 知识准备

因地理位置、环境、气候的差异，山石的种类繁多，常见的山石有太湖石(图 2-4-1)、英石(图 2-4-2)、昆石(图 2-4-3)、灵璧石(图 2-4-4)、千层石(图 2-4-5)等。

太湖石也叫假山石、窟窿石，为我国古代著名四大玩石之一。因产于太湖而得名，以造型取胜，“瘦、皱、漏、透”是其主要审美特征，多玲珑剔透、重峦叠嶂之姿，宜作园林景观石。

英石，又称英德石，产于广东省英德市。它具有“皱、瘦、漏、透”等特点，被列为中国四大园林名石之一。英石质地坚硬，造型雄奇，扣之声脆。

昆石也称巧石、昆山石、玲珑石，产于昆山市玉峰山。昆石是石英脉在晶洞中形成的晶莹剔透、洁白玲珑的网状晶簇体，给人以纯洁的美感，是天然的观赏精品。昆石、太湖石、雨花石一起被称为“江苏三大名石”。

灵璧石出自安徽省灵璧县。灵璧石无论大小，天然成形，千姿万态，并具备了“皱、瘦、漏、透”诸要素，意境悠远。灵璧石质地细腻，石坚如铁，敲击发出金属声响。

千层石也称积层岩，石质坚硬致密，外表有很薄的风化层，比较软；石上纹理清晰，多呈凹凸、平直状，具有一定的韵律，线条流畅，时有波折、起伏，色泽与纹理比较协调，显得自然、光洁；造型奇特，变化多端，多有山形、台洞形等自然景观，亦有宝塔形、立柱形及人物、动物等形象，既有具象又有抽象，神韵秀丽静美、淡雅端庄。

图 2-4-1　太湖石

图 2-4-2　英石

图 2-4-3　昆石

图 2-4-4　灵璧石

图 2-4-5　千层石

## 任务实施

### 一、原料准备

荔浦芋头。

## 二、工具准备

切刀，砧板，主刻刀，U 型戳刀，掏刀，502 胶水，餐盘，水盆。

## 三、制作过程

制作视频-山石

❶ **去皮切片**　将荔浦芋头洗净、去表皮(图 2-4-6)。将芋头横刀切成每段为 3 厘米的厚片(图 2-4-7)。

❷ **粘接修形**　将芋头厚片按照山石自然形态用 502 胶水粘好(图 2-4-8)。用主刻刀雕刻出凹凸有致的山石大形(图 2-4-9)。用 U 型戳刀戳刻芋头厚片相互粘接之间的连接点，目的是尽量减少出现粘制痕迹，尽量使山石形成一个自然的整体(图 2-4-10)。

❸ **掏刻形态**　用大号掏刀在原料表面掏出深浅不一、错落有致的形态(图 2-4-11)。

❹ **掏刻细节**　用中号掏刀沿山石表面继续掏刻，使山石整体更加具有立体感(图 2-4-12)。

❺ **细节处理**　用 U 型戳刀在山石表面合适的位置上戳刻镂空点，并再次用小号掏刀整理作品细节(图2-4-13)，将作品置清水中浸泡片刻即可。

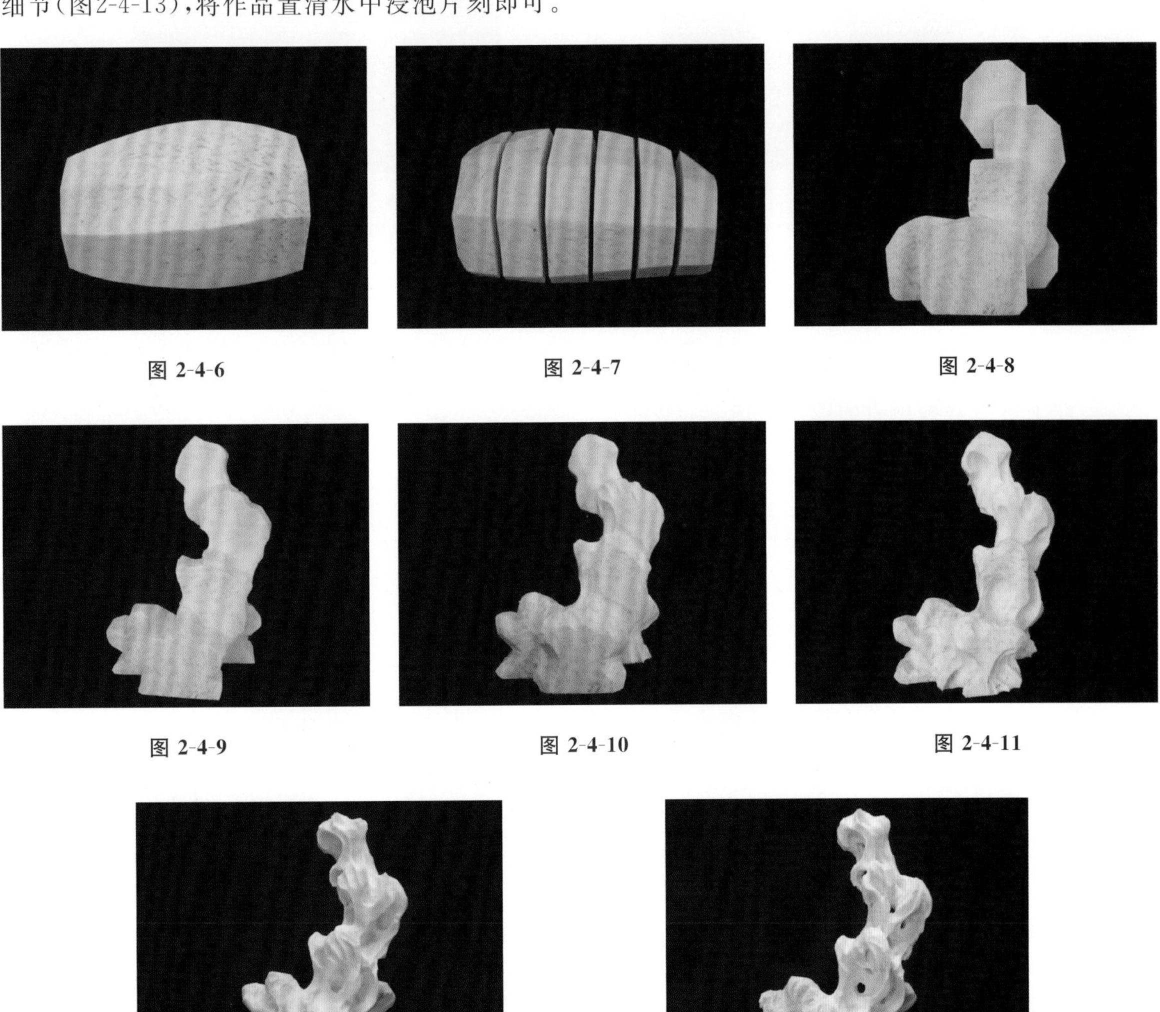

图 2-4-6　图 2-4-7　图 2-4-8

图 2-4-9　图 2-4-10　图 2-4-11

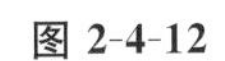

图 2-4-12　图 2-4-13

## 四、技术要领

1. 设计时要考虑到山石的大体形状及高矮比例。
2. 山石的脉络转折要划刻清楚，切记线条杂乱无章。
3. 雕刻山石时要注意前后层次应错落有致，相互穿插，防止整体零碎，不紧凑。
4. 雕刻山石时刀具要先大后小，大刀修整大形、小刀雕刻细节及特点部位。
5. 雕刻好的山石要经过正确且恰当的精心打磨，才能体现出最佳效果。

### 知识拓展

以山石为主题，可以制作出哪些山石组合雕刻(参考图 2-4-14，图 2-4-15)？

图 2-4-14

图 2-4-15

扫码看答案

### 思考与练习

1. 太湖石和千层石在雕刻技法上有哪些不同？
2. 课下练习各种山石的雕刻技法。

## 任务五 墙　头

### 任务描述

在食品雕刻中，墙头是中国古代园林建筑中常见的景物小品，把园林的花草树木都映在墙中，更融景与自然，所以通常称为花墙或景墙。

墙头的雕刻应选用质地结实、体积较大、长的瓜果、根茎类原料，故在雕刻中常用荔浦芋头、实心南瓜、白萝卜、红薯等。墙头因其形式不拘一格，功能因需而设，材料丰富多样，且形态多变，故以多种原料组合雕刻最为常见。根据墙头的特点和结构比例，运用适当的雕刻手法，雕刻出结构合理、造型逼真的墙头。在烹饪当中可以用于菜肴的装饰，也可作为雕刻作品的主体背景。

### 任务目标

1. 正确认识墙头的种类及墙头的结构特点，便于完成雕刻作品。
2. 能够熟练运用直刀刻、旋刀刻、戳刀刻等多种技法，雕刻出形态逼真的墙头。
3. 通过制作作品提升自身构图能力及色彩搭配能力。
4. 在完成墙头雕刻制作任务中，养成认真、细致、耐心的良好习惯。

## 知识准备

图 2-5-1

中国传统园林的墙(图 2-5-1),有分隔空间、衬托景物、装饰美化或遮蔽视线等作用。分隔院落空间多用白粉墙,墙头配以青瓦。用白粉墙衬托山石、花木,犹如在白纸上绘制山水花卉,意境尤佳。园墙与假山之间宜有道路、花木点缀,可即可离,各有其妙,可增加意趣。园墙是园林空间构图的一个重要因素,可以说是一墙一幅画,一园一风景,或藏或漏,或虚或实,含蓄有致,韵味无穷,既实用、美观又富有意境。构成"园中有园,景中藏景"之妙。

## 任务实施

### 一、原料准备

荔浦芋头。

### 二、工具准备

切刀,砧板,主刻刀,U 型戳刀,V 型戳刀,划线刀,掏刀,水溶性铅笔,502 胶水,餐盘,水盆。

### 三、制作过程

制作视频-墙头 1

制作视频-墙头 2

❶ **雕刻大形**　将荔浦芋头洗净、去表皮(图 2-5-2)。根据其形态用刀分别切出 1 厘米和 2 厘米厚的两片原料,并将较薄的原料作为墙头主体,将较厚的原料作为山石底座(图 2-5-3)。

❷ **雕刻门洞**　在较薄的原料上画出两条圆弧形线条(图 2-5-4)。并根据所画线条进行去料雕刻,保留中间圆弧条形部分(图 2-5-5)。将圆弧条用 502 胶水重新粘到主墙体上,但要凸出主墙体边缘 1 厘米左右(图 2-5-6)。

❸ **雕刻墙皮**　在墙体表面用水溶性铅笔画出裂纹线(图 2-5-7)。并用雕刻刀沿画线部分垂直划刻,深度约为 0.2 厘米(图 2-5-8)。在墙体边缘进刀,将画线部分片下形成墙皮脱落的斑驳感(图 2-5-9)。

❹ **雕刻墙砖**　在去料部分的表面用水溶性铅笔画出墙砖线(图 2-5-10)。用划线刀横向划刻出砖线,并纵向划刻分出墙砖(图 2-5-11,图 2-5-12)。在墙体边缘去掉多余墙砖,形成层次感(图 2-5-13)。

❺ **雕刻山石**　取出较厚的底座原料,用掏刀将原料掏刻成山石形态(图 2-5-14),并将墙头粘在山石上(图 2-5-15)。

❶ **雕刻瓦楞**　取一块长方形原料,用斜刀雕刻出翘角(图 2-5-16,图 2-5-17)。在中间突出的位置上用 U 型戳刀戳刻出瓦楞(图 2-5-18)。

❼ **粘接整理**　将瓦檐整理好后粘在墙头顶端(图 2-5-19),将刻好的作品放入清水中浸泡片刻取出,整理细节后即可。

### 四、技术要领

1. 在切制墙头主料时控制好原料的比例、厚度及形状,一定要保持切面横平竖直,切勿切偏。

2. 在划刻墙面花纹时要与墙的主体保持一致,也要横平竖直,并且上层墙砖要与下层墙砖错开,且均分。

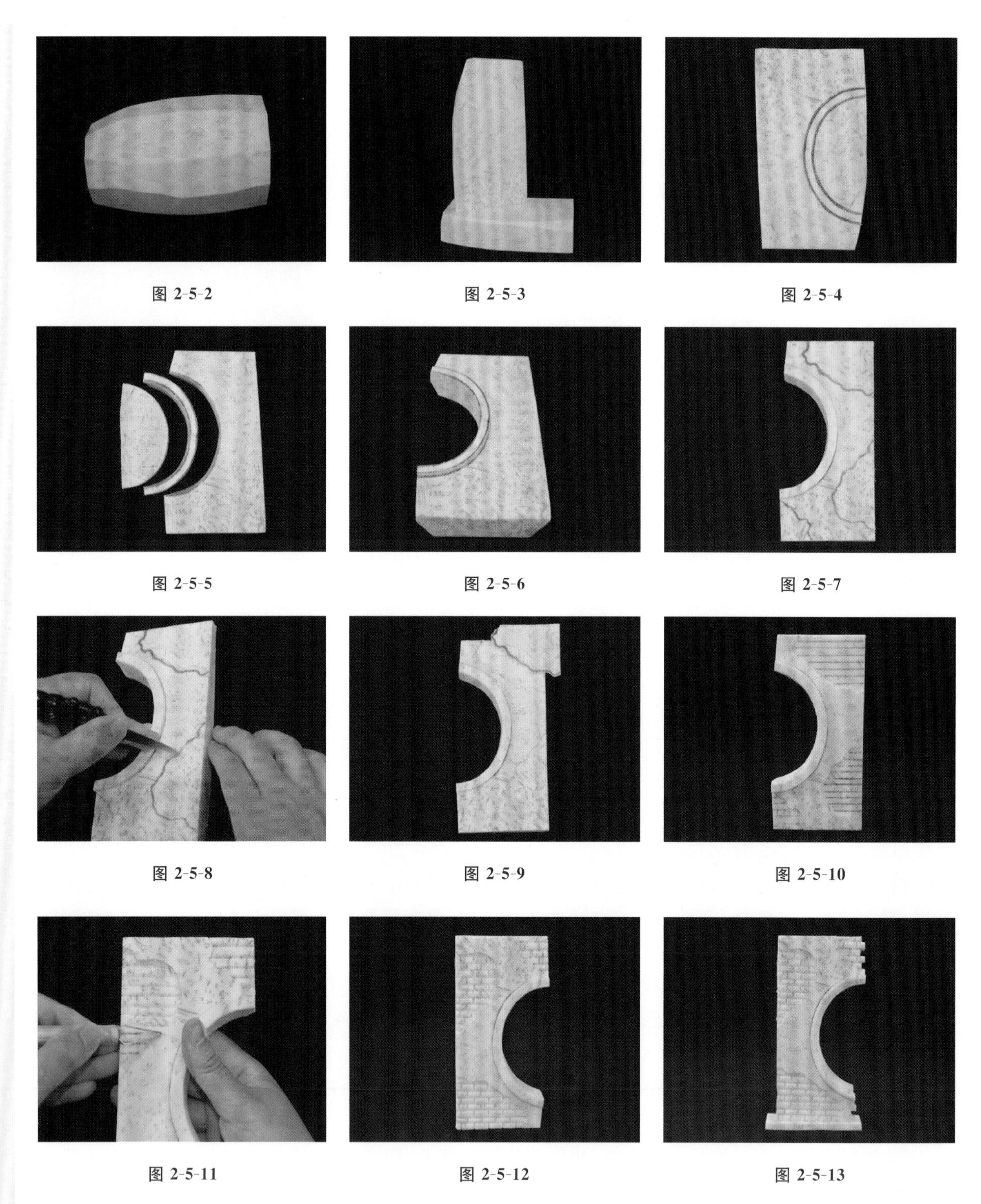

图 2-5-2　图 2-5-3　图 2-5-4

图 2-5-5　图 2-5-6　图 2-5-7

图 2-5-8　图 2-5-9　图 2-5-10

图 2-5-11　图 2-5-12　图 2-5-13

3. 雕刻墙端顶部时，翘角一般比窝檐略微长一点，不能比窝檐短，缩在窝檐里面。

4. 瓦楞应该宽窄均匀且平行，不能顺着梁或翘角的方向做成放射状的扇形。

5. 如需雕刻瓦片时，U 型戳刀尽量放低，使瓦片平整自然过渡，去掉废料时确保瓦片整齐且在一条直线上。

6. 在雕刻底座时要注意比例及厚度，底座山石应大于主体墙，避免出现头重脚轻的现象。

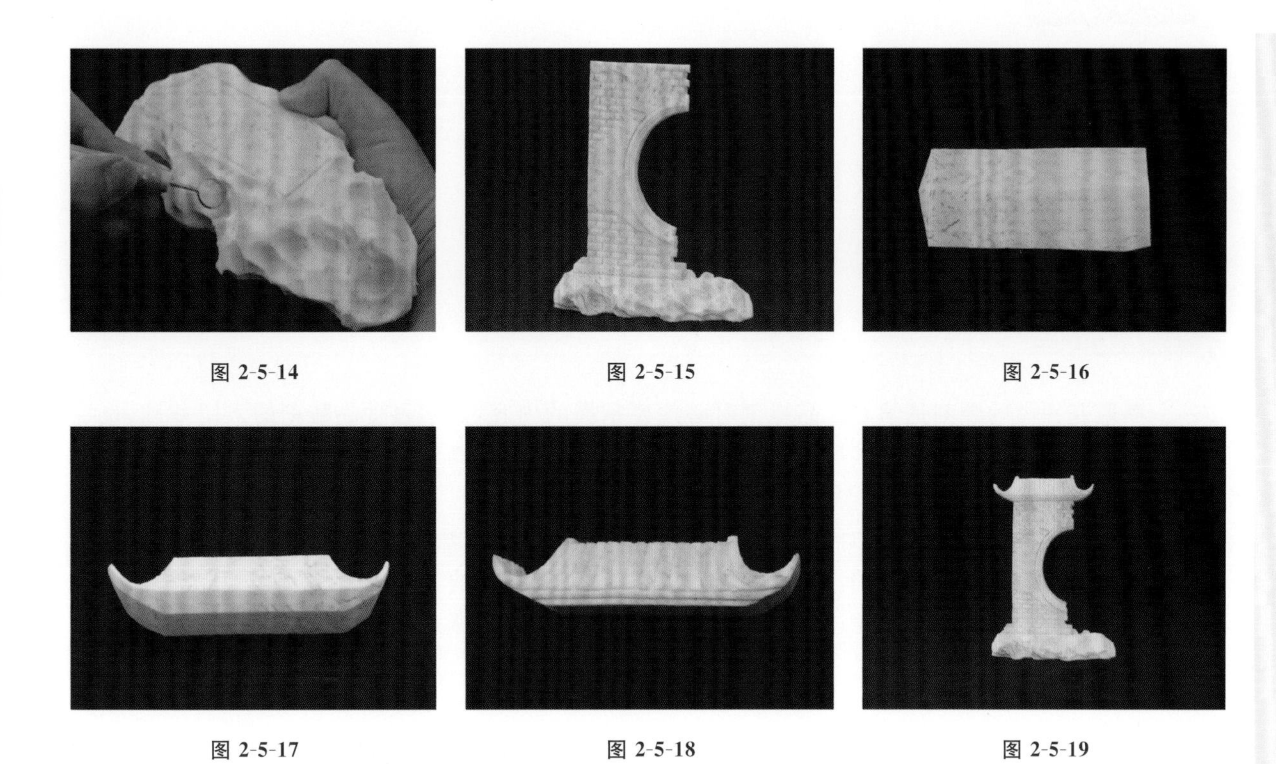

图 2-5-14　图 2-5-15　图 2-5-16

图 2-5-17　图 2-5-18　图 2-5-19

## 知识拓展

以墙头为主题，可以制作出哪些墙头组合雕刻（参考图 2-5-20，图 2-5-21）？

图 2-5-20

图 2-5-21

## 思考与练习

扫码看答案

1. 在雕刻墙头时应注意哪些操作要领？
2. 根据本任务所学知识，雕刻出其他造型的墙头。

项目三

# 花卉篇(整雕)

## 项目导学

整雕花卉类的雕刻是学习食品雕刻时必须要掌握的内容,是学习食品雕刻的入门基础,也是食品雕刻中的重点。通过学习雕刻花卉,可以逐渐掌握食品雕刻中的各种刀法和手法,为以后的学习打下坚实的基础。

在食品雕刻中花卉雕刻的种类非常多,形态各异,雕刻的方法和技巧也不尽相同。本项目学习的雕刻内容是比较常见的,花形漂亮,应用广泛,易于雕刻的花卉,是在雕刻的刀法和手法上具有一定代表性的花卉。通过这些花卉的雕刻学习,往往能够达到举一反三、触类旁通的学习效果。

## 项目目标

知识教学目标:通过本项目的学习,了解整雕花卉类雕刻的种类及基础知识,掌握整雕花卉类雕刻的操作步骤和操作要领。

能力培养目标:掌握食品雕刻中各种花卉的雕刻方法和技巧,并能够运用到实际工作当中,为全面掌握食品雕刻的制作和设计打下良好基础。

职业情感目标:让学生养成遵守规程、安全操作、整洁卫生的良好习惯,并正确认识食品雕刻的实用性,增强对本专业的情感认知。

## 任务一 梅　花

### 任务描述

在食品雕刻中,梅花是基础教学品种之一,一般选用心里美萝卜、胡萝卜等原料,运用戳刀刻技法,完成梅花造型的雕刻装饰。在烹饪当中主要用于一些菜肴的装饰,也可用于冷拼中一些作品的点缀之用。

### 任务目标

1. 掌握原料心里美萝卜的选择及颜色搭配的方法。
2. 能够运用戳刀刻技法,雕刻出形态逼真的梅花。

3. 初步感受构图能力及色彩搭配能力的重要性。

4. 在完成梅花雕刻制作任务中，养成认真、细致、耐心的良好习惯。

## 知识准备

梅，又称春梅、千枝梅、红梅、乌梅。花单生或有时两朵同生于一芽内，直径 2～2.5 厘米，香味浓，先于叶开放，花梗短，长 1～3 厘米，常无毛，花萼通常红褐色。梅花(图 3-1-1)是中国十大名花之首，与兰花、竹子、菊花一起被列为“四君子”，与松、竹并称为“岁寒三友”。

图 3-1-1

梅花独天下而春，作为传春报喜、吉庆的象征，从古至今一直被中国人视为吉祥之物。梅开五瓣，象征五福，即快乐、幸福、长寿、顺利与和平。

## 任务实施

### 一、原料准备

心里美萝卜(或青萝卜)。

### 二、工具准备

切刀，砧板，主刻刀，U 型戳刀，树枝，蜡烛，小盆，502 胶水。

### 三、制作过程

制作视频-梅花

❶ **切面**　取一个心里美萝卜，并将萝卜对半切开(图 3-1-2)。

❷ **戳出花芯**　用 U 型戳刀在心里美萝卜的平面端戳出梅花的花芯(图 3-1-3)。

❸ **去除废料**　接着用 U 型戳刀沿着梅花花芯去除花瓣废料(图 3-1-4)，共去除五瓣废料(图 3-1-5)。

❹ **刻出花瓣**　然后用 U 型戳刀顺着花瓣形状戳出第一层花瓣(图 3-1-6)。并依次刻出其余四层花瓣(图 3-1-7)，并将花瓣取出(图 3-1-8)。

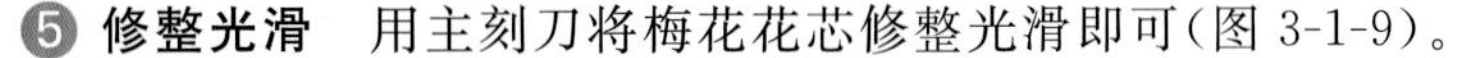

❺ **修整光滑**　用主刻刀将梅花花芯修整光滑即可(图 3-1-9)。

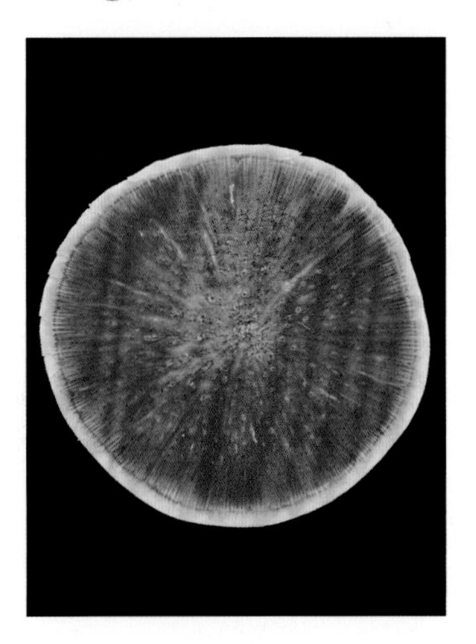

图 3-1-2

图 3-1-3

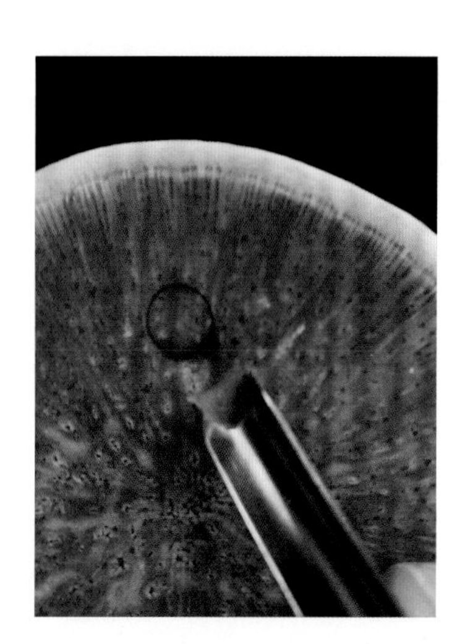

图 3-1-4

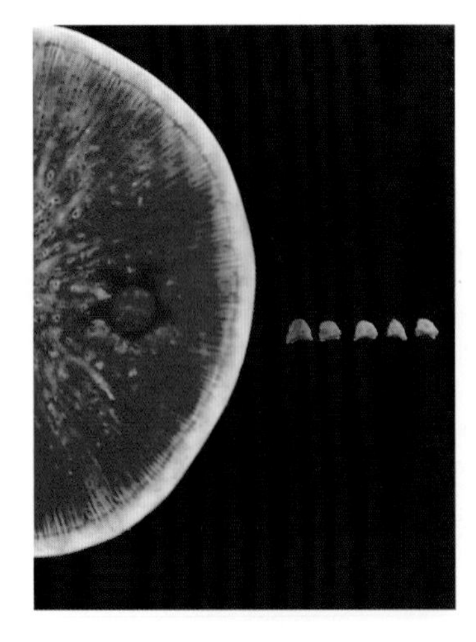

图 3-1-5

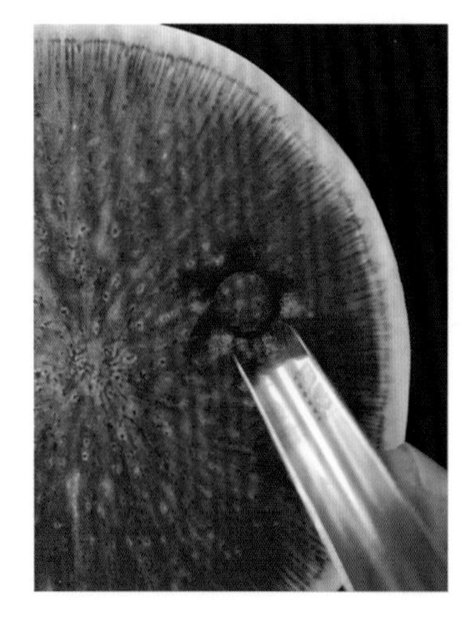

图 3-1-6

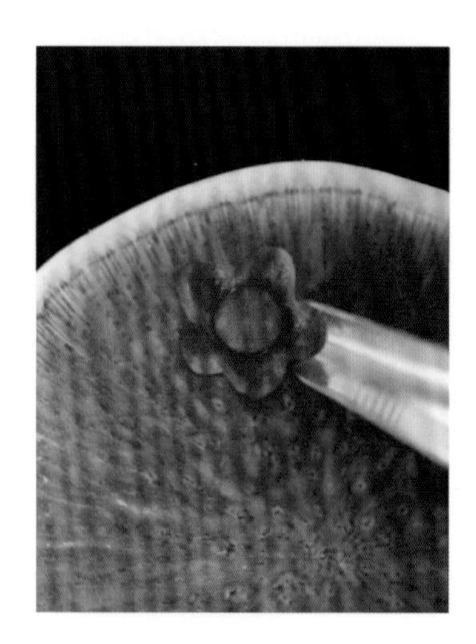

图 3-1-7

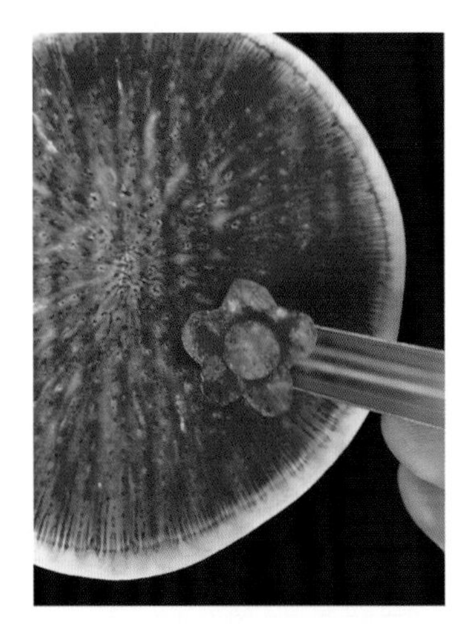

图 3-1-8

图 3-1-9

## 四、技术要领

1. 戳刀手法要熟练，用力要均匀，握刀要稳，要求成品花瓣边缘光滑、无毛边。
2. 梅花花瓣外形是圆弧形，花瓣不要戳得太长。
3. 花瓣形状要自然美观，厚薄适中，大小合适。
4. 梅花整体要完整，层次分明，造型美观。

### 知识拓展

以梅花为主题，可以制作哪些梅花组合雕刻(参考图 3-1-10，图 3-1-11)？

扫码看答案

### 思考与练习

1. 在雕刻梅花时应注意哪些操作要领？
2. 结合梅花雕刻技法，雕刻出桃花的造型。

图 3-1-10

图 3-1-11

## 任务二　马　蹄　莲

### 任务描述

在食品雕刻中,马蹄莲是基础教学品种之一,一般选用白萝卜,运用直刀刻、戳刀刻、掏刀刻等技法,完成马蹄莲造型的雕刻装饰。在烹饪当中主要用于一些菜肴的装饰,也可以和其他花卉进行组合制作大型雕刻作品,用于宴会展台。

### 任务目标

1. 掌握原料胡萝卜、白萝卜的选择及颜色搭配的方法。
2. 能够运用直刀刻、戳刀刻、掏刀刻等技法,雕刻出形态逼真的马蹄莲。
3. 初步感受构图能力及色彩搭配能力的重要性。
4. 在完成马蹄莲雕刻制作任务中,养成认真、细致、耐心的良好习惯。

### 知识准备

马蹄莲(图 3-2-1)属于天南星科多年生宿根草本。叶片比较长而且形状很像盾,颜色为鲜绿色,花径比较高,超出叶丛,肉穗花序呈鲜黄色,佛焰苞大形,张开成马蹄形,将肉穗花序包住,因而被称为马蹄莲。颜色有白色、黄色、粉色,白色是非常常见的一种。

马蹄莲,是素洁、纯真、朴实的象征。它的花语是“忠贞不渝,永结同心”。

图 3-2-1

## 任务实施

### 一、原料准备

白萝卜、胡萝卜(或青萝卜)。

### 二、工具准备

切刀，砧板，主刻刀，U 型戳刀，O 型掏刀，底座，502 胶水。

### 三、制作过程

制作视频-马蹄莲

❶ **确定坯形** 取一块新鲜白萝卜，用切刀斜向切开(图 3-2-2)。

❷ **修整坯形** 用主刻刀修出马蹄莲的粗坯(图 3-2-3)，从四周去除废料(图 3-2-4)，并进一步修整为马蹄莲形状(图 3-2-5)，基本确定花朵的形状(图 3-2-6)。

❸ **戳出花瓣外圈形状** 接着用 U 型戳刀沿着花瓣外缘戳出花瓣外圈形状(图 3-2-7)。

❹ **修出花形** 然后用主刻刀修整花瓣外形(图 3-2-8)，并去除多余废料将花瓣修整圆润(图 3-2-9)。

❺ **修整花瓣外圈** 用 O 型掏刀将马蹄莲花瓣外侧修整呈花瓣翻瓣状(图 3-2-10)，并用主刻刀去除多余废料(图 3-2-11)。

❻ **修整花瓣** 再用 O 型掏刀在花瓣中间挖料使其成为一个中空的杯形(图 3-2-12)，用主刻刀将内侧修剔光洁(图 3-2-13)，再将马蹄莲修整圆滑(图 3-2-14)。

❼ **刻出花蕊** 另取胡萝卜，用主刻刀将胡萝卜修成细条(图 3-2-15)，并将花蕊修出(图 3-2-16)，用胶水将花蕊粘接好(图 3-2-17)。

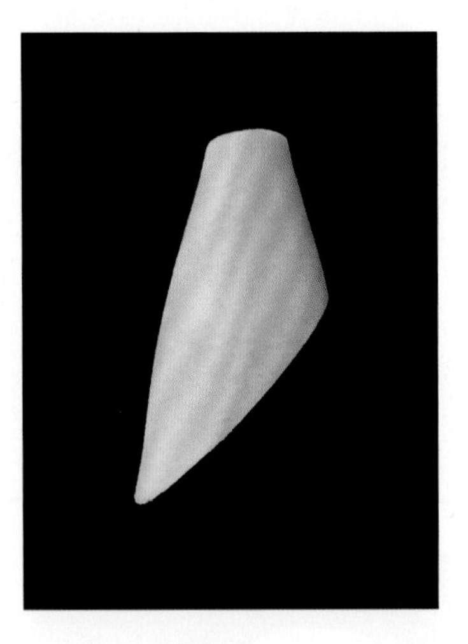

图 3-2-2

图 3-2-3

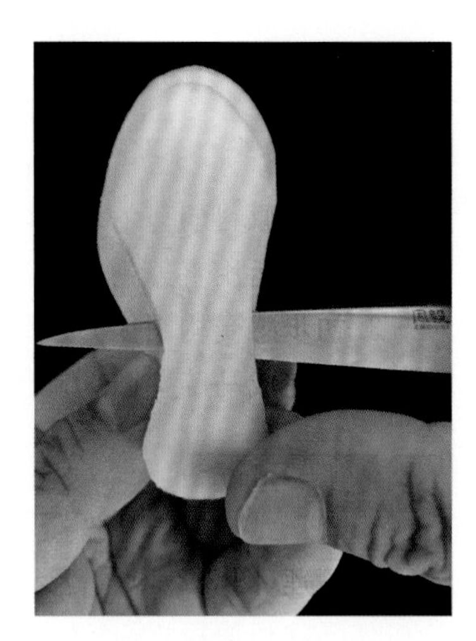

图 3-2-4

### 四、技术要领

1. 马蹄莲花形为心状箭形或箭形，雕刻花坯时要掌握花的形态。
2. 用 O 型掏刀挖料时要掌握好花瓣形状，不可挖得太深，以免花瓣损坏。
3. 组装、粘接花蕊时，掌握好角度。

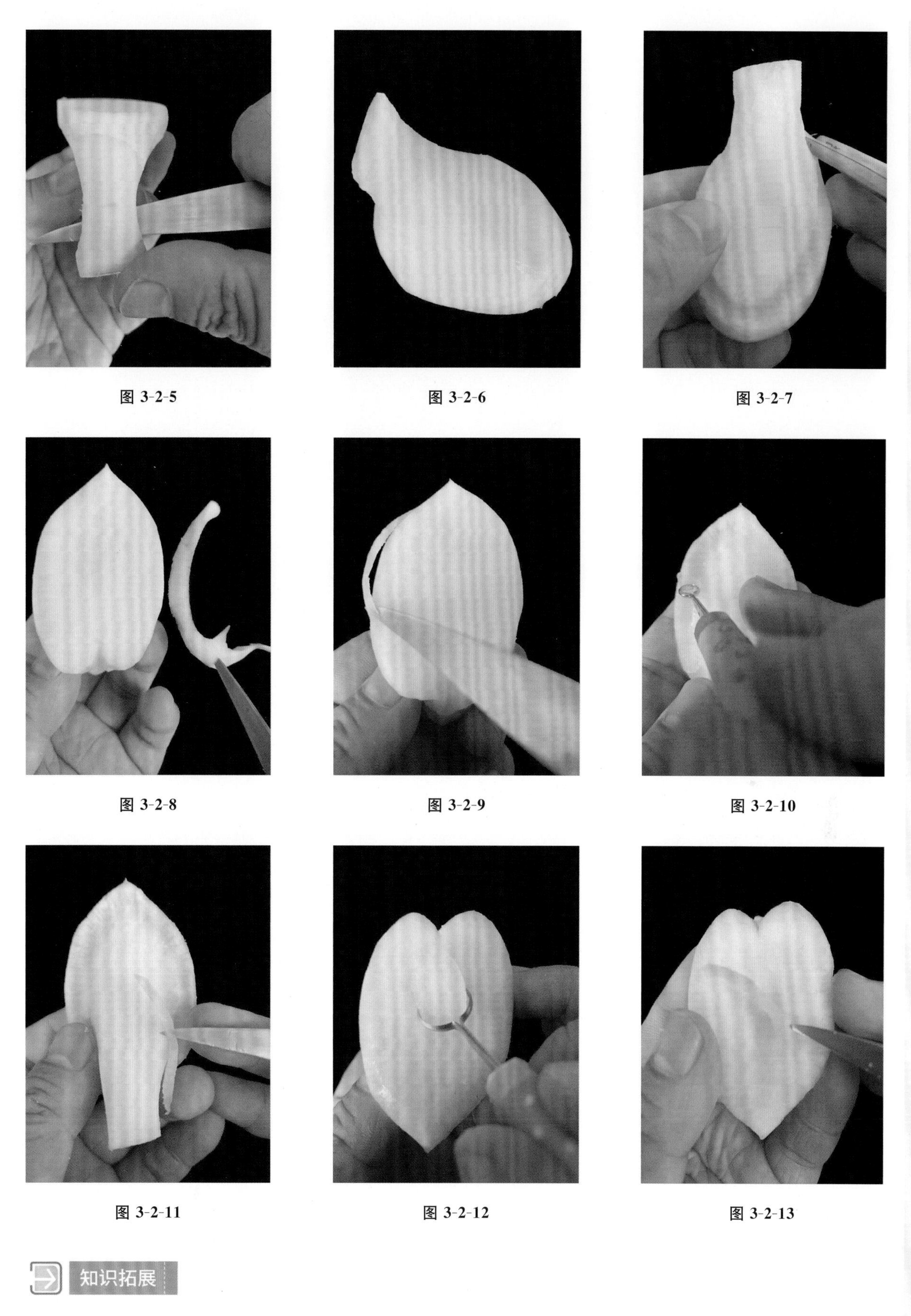

图 3-2-5　图 3-2-6　图 3-2-7

图 3-2-8　图 3-2-9　图 3-2-10

图 3-2-11　图 3-2-12　图 3-2-13

## 知识拓展

以马蹄莲为主题，可以制作哪些马蹄莲组合雕刻(参考图 3-1-18，图 3-1-19)？

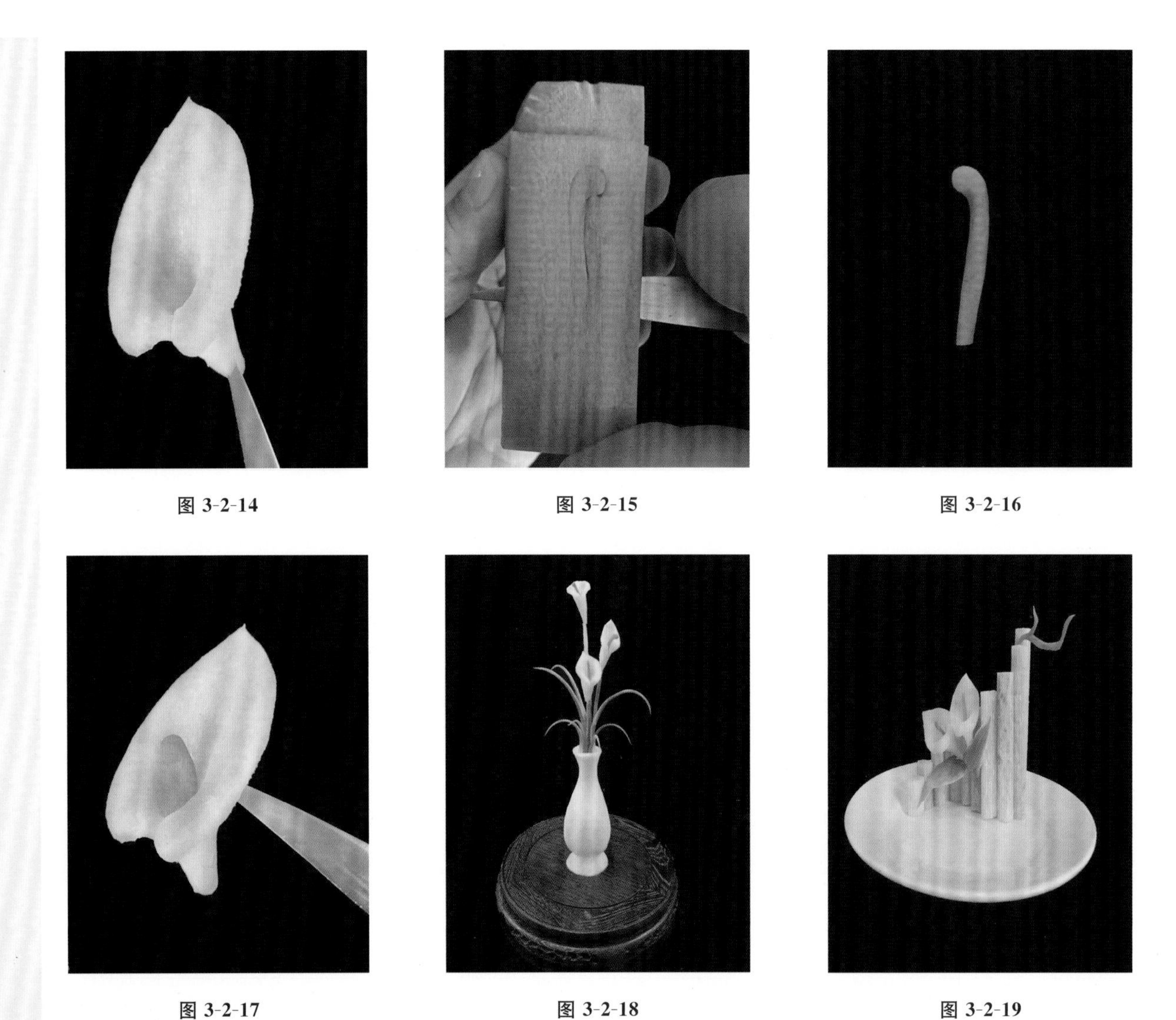

图 3-2-14　图 3-2-15　图 3-2-16

图 3-2-17　图 3-2-18　图 3-2-19

### 思考与练习

扫码看答案

1. 马蹄莲有何象征意义，适应于哪些宴会装饰使用？
2. 运用其他原料雕刻出一朵马蹄莲。

## 任务三　月 季 花

### 任务描述

在食品雕刻中，月季花是基础教学品种之一，一般选用心里美萝卜、胡萝卜、白萝卜等原料，运用直刀刻、旋刀刻等技法，完成月季花造型的雕刻装饰。在烹饪当中主要用于一些菜肴的装饰。

### 任务目标

1. 掌握原料心里美萝卜、胡萝卜、青萝卜等的选择及颜色搭配的方法。

2. 能够运用直刀刻、旋刀刻技法，雕刻出形态逼真的月季花。

3. 初步感受构图能力及色彩搭配能力的重要性。

4. 在完成月季花雕刻制作任务中，养成认真、细致、耐心的良好习惯。

## 知识准备

月季花(图 3-3-1)属蔷薇科，是一种低矮直立的落叶灌木，奇数羽状复叶，有红色和淡红色、白色等。其被誉为“花中皇后”，是中国传统十大名花之一，其色、态、香俱佳，花期长达半年，有月月红、四季花、长春花、月桂花等别称。月季花象征和平友爱、四季平安，是非常受欢迎的通用花卉。

图 3-3-1

月季花在食品雕刻中主要有三瓣和五瓣两种类型，即三瓣月季花和五瓣月季花。

## 任务实施

### 一、原料准备

心里美萝卜(或胡萝卜、青萝卜、白萝卜)。

### 二、工具准备

切刀，砧板，主刻刀，餐盘，水盆，牙签，502 胶水。

### 三、制作过程

制作视频-月季花

❶ **修整坯形**　将心里美萝卜对半切开，用刀修整成碗形(图 3-3-2)，上下端各一个面，然后用刀旋切去一圈废料，将坯体修成一个去尖圆锥体(图 3-3-3)。

❷ **刻第一层花坯**　用主刻刀从原料高度的三分之二部分下刀，刻出第一瓣花坯，然后依次刻出五瓣间距相等的花坯，底部呈正五边形(图 3-3-4)。

❸ **划花瓣轮廓**　接着用主刻刀沿着每一瓣花坯修出花瓣形状(图 3-3-5)。

❹ **刻第一层花瓣**　然后顺着花瓣形状平刀刻出第一层花瓣。刻到底部略微向里收一下，防止花瓣脱落(图 3-3-6)。

❺ **去废料**　用执笔握刀法拿刀，采用旋刀法把第一层两个花瓣之间的棱角修掉，呈一个光滑的弧面，再刻出花瓣形状(图 3-3-7)，用旋刀法刻出花瓣(图 3-3-8)。

❻ **刻第二层花瓣**　按照此方法依次刻出第二层余下的花瓣(图 3-3-9)。

❼ **刻第三层花瓣**　运用第二层的雕刻手法，旋刻出第三层花瓣(图 3-3-10)，注意去废料的角度，基本与水平面垂直(85°左右)(图 3-3-11)。

❽ **刻出花苞**　继续重复刻花瓣的步骤，一直往里刻，花瓣逐层向内倾斜，也就是越往里刻，刀与原料的角度越小，花瓣之间重叠包裹(图 3-3-12)。

❾ **成型修整**　刻好后放入清水中浸泡片刻取出，用手轻轻捏揉花瓣的上沿，使其形成自然的翻折形态(图 3-3-13)，然后再放入水中浸泡片刻即可。

### 四、技术要领

1. 雕刻刀法要熟练，成品要求花瓣边缘光滑无毛边，厚薄适中。

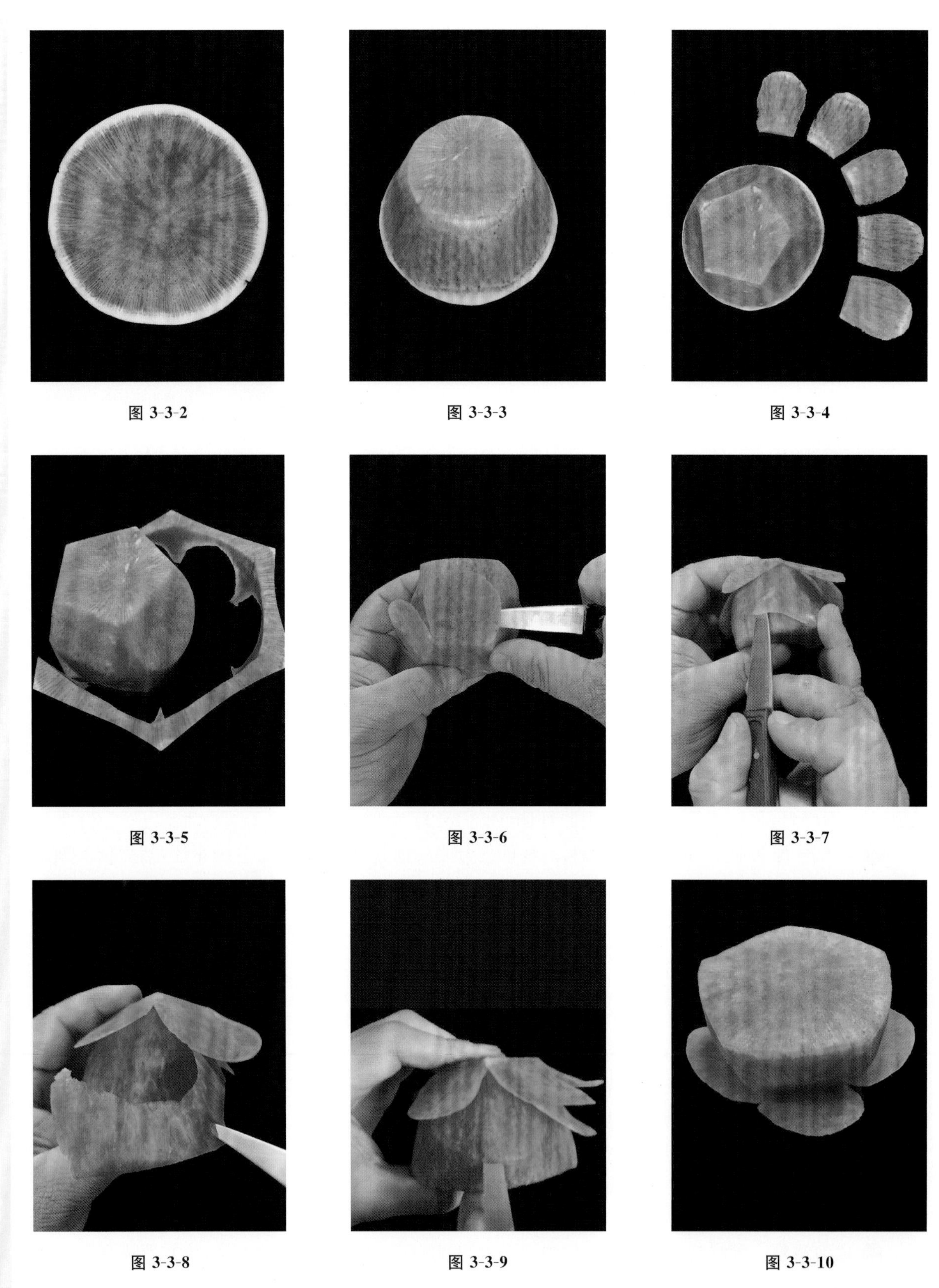

图 3-3-2 图 3-3-3 图 3-3-4

图 3-3-5 图 3-3-6 图 3-3-7

图 3-3-8 图 3-3-9 图 3-3-10

2. 掌握好花瓣和花芯的高度，外层花瓣逐渐增高，并向外绽放。花芯低于第三层花瓣，并向里包裹。

3. 去废料时刀尖要紧贴上层花瓣根部，否则废料不能去净。

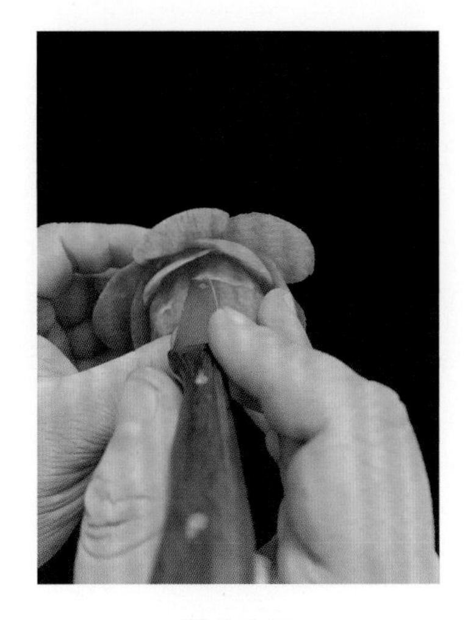

图 3-3-11

图 3-3-12

图 3-3-13

4. 掌握好每一层花瓣的角度，第一层与水平面成 45°左右，第二层成 70°左右，第三层基本垂直于水平面。

5. 花瓣边缘要修圆滑，呈半圆形，做好后用手轻捏呈桃尖状，达到自然状态。

## 知识拓展

以月季花为主题，可以制作哪些月季花组合雕刻(参考图 3-3-14，图 3-3-15)？

图 3-3-14

图 3-3-15

## 思考与练习

扫码看答案

1. 影响月季花整体形态的因素有哪些？

2. 结合本任务所学月季花的雕刻技法，雕刻出三瓣月季。

# 任务四 牡 丹 花

## 任务描述

在食品雕刻中，牡丹花是基础教学品种之一，牡丹花雕刻的原料和方法比较多，一般选用心里美萝卜、青萝卜、白萝卜等原料，运用直刀刻、戳刀刻、拉刀刻等技法，其雕刻的手法和技巧都是在月季花、荷花等花卉雕刻的基础上演变而来的。牡丹花一般不雕刻花蕊，而用花瓣包裹形成含苞待放的花苞。除作为盘饰使用之外，还可以和其他禽鸟类雕刻进行组合，制作大型组合雕刻作品。

## 任务目标

1. 掌握原料心里美萝卜、白萝卜、青萝卜的选择及颜色搭配的方法。
2. 能够运用直刀刻、戳刀刻、拉刀刻技法，雕刻出形态逼真的牡丹花。
3. 初步感受构图能力及色彩搭配能力的重要性。
4. 在完成牡丹花雕刻制作任务中，养成认真、细致、耐心的良好习惯。

## 知识准备

牡丹花(图 3-4-1)又名木芍药、花王、富贵花等，是我国特有的木本名贵花卉，有两千多年的人工栽培历史。

有关牡丹花的文化和艺术作品非常丰富。牡丹花以其花大、形美、色艳、香浓，为历代人们所称颂，素有“国色天香”“花中之王”的美称，以山东菏泽和河南洛阳的牡丹花最为出名，尊为国花。

图 3-4-1

## 任务实施

### 一、原料准备

心里美萝卜(或胡萝卜、青萝卜、白萝卜)。

### 二、工具准备

切刀，砧板，主刻刀，餐盘，水盆，牙签，502 胶水。

### 三、制作过程

制作视频-牡丹花

❶ **修整坯形**　将心里美萝卜对半切开，用刀修整成碗形(图 3-4-2)，上下端各一个面，然后用刀旋切去一圈废料，将坯体修成一个无尖圆锥体(图 3-4-3)。

❷ **刻第一层花坯**　用主刻刀从原料高度的三分之二部分下刀，刻出第一瓣花坯(图 3-4-4)，然后依次刻出五瓣间距相等的花坯，底部呈正五边形(图 3-4-5)。

❸ **刻出花瓣弧度**　接着用主刻刀从原料高度的三分之二部分向上运刀刻出牡丹花花瓣弧度(图 3-4-6)，让牡丹花瓣凸显出含苞待放的姿势(图 3-4-7)。

❹ **划花瓣轮廓**　然后用 U 型戳刀戳出花瓣形状，并依次戳出其他四个花瓣形状(图 3-4-8)。

⑤ **刻第一层花瓣**　然后顺着花瓣形状平刀刻出第一层花瓣(图 3-4-9)。刻到底部略微向里收一下,防止花瓣脱落(图 3-4-10)。

⑥ **去废料**　用主刻刀从两花瓣中间从下向上去除废料(图 3-4-11),并依次去除其他四层废料(图 3-4-12)。

⑦ **刻第二层、第三层花瓣**　运用第一层的雕刻手法,刻出第二层和第三层花瓣(图 3-4-13、图 3-4-14),注意第二层花瓣比其他花瓣高一些(图 3-4-15)。

⑧ **修整花芯**　将里层花芯从中间横着取出废料,花芯要低于花瓣(图 3-4-16),并修成圆柱形(图 3-4-17)。

⑨ **戳出花蕊**　用 V 型戳刀戳刻出牡丹花花蕊,再去除废料(图 3-4-18)。

⑩ **刻出花芯**　最后用拉刻刀拉出牡丹花花芯(图 3-4-19),刻好后放入清水中浸泡片刻取出即可(图 3-4-20)。

图 3-4-2

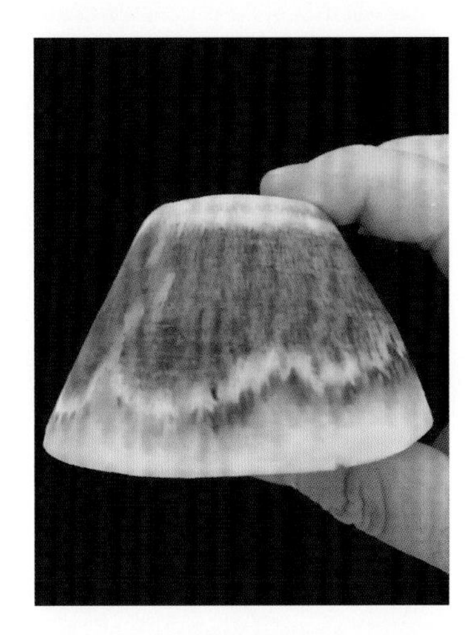

图 3-4-3

图 3-4-4

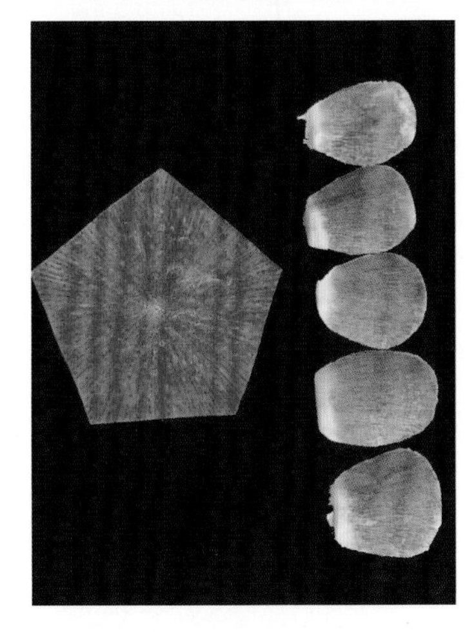

图 3-4-5

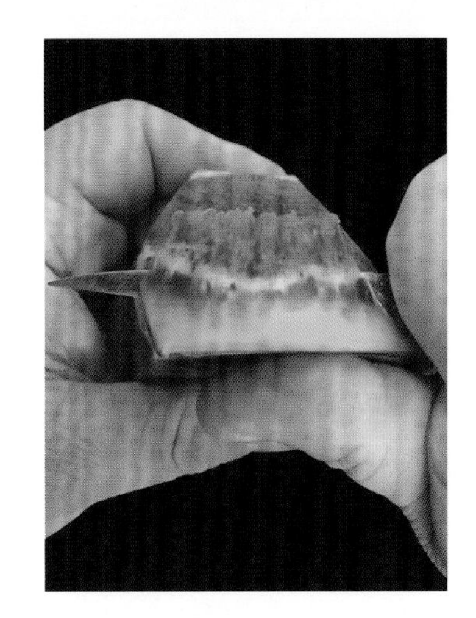

图 3-4-6

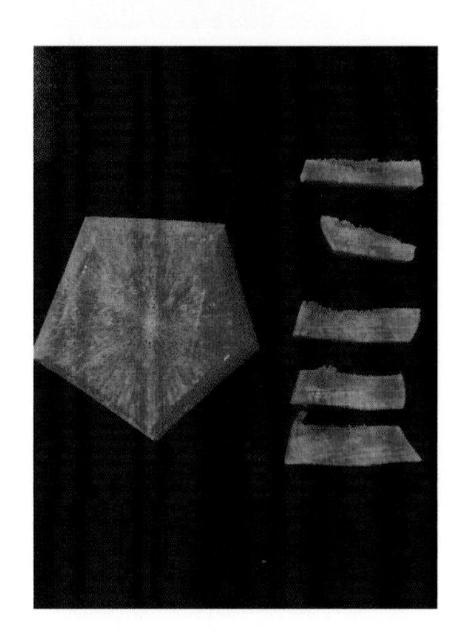

图 3-4-7

## 四、技术要领

1. 雕刻刀法要熟练,成品要求花瓣边缘光滑无毛边,厚薄适中。

2. 掌握好花瓣和花芯的高度,牡丹花共三层,中间一层花瓣最高。花芯低于第三层花瓣。

3. 去废料时刀尖要紧贴上层花瓣根部,否则废料不能去净。

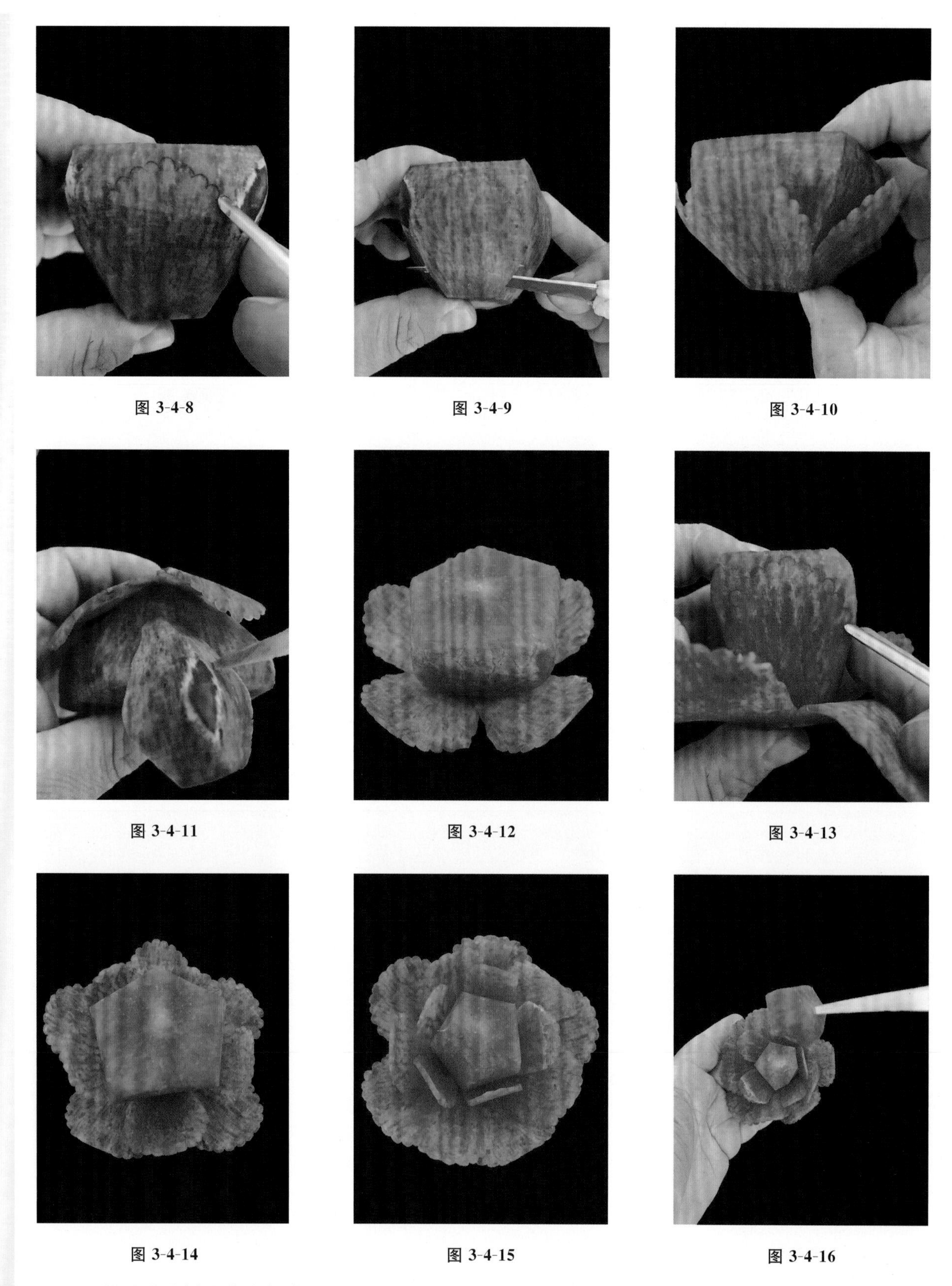

图 3-4-8　　图 3-4-9　　图 3-4-10

图 3-4-11　　图 3-4-12　　图 3-4-13

图 3-4-14　　图 3-4-15　　图 3-4-16

4. 牡丹花花瓣边缘为锯齿形，用 U 型戳刀戳花形时按照圆弧形运刀并确保花瓣大小一致。
5. 拉刻牡丹花花芯时注意间距要小一些。

Note

图 3-4-17

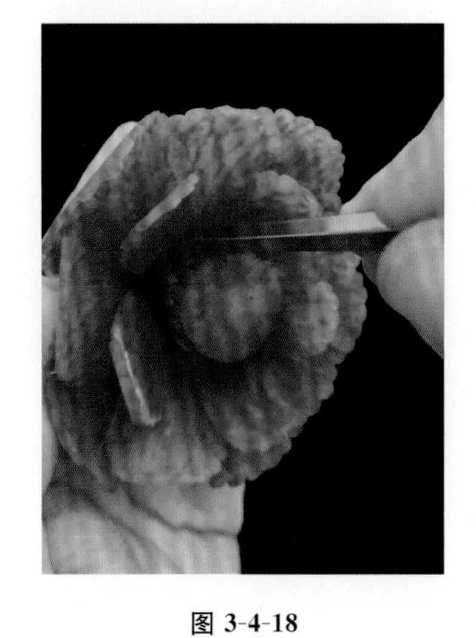

图 3-4-18

图 3-4-19

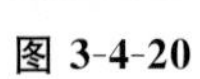

## 知识拓展

以牡丹花为主题,可以制作哪些牡丹花组合雕刻(参考图 3-4-21,图 3-4-22)?

图 3-4-20

图 3-4-21

图 3-4-22

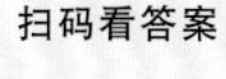

扫码看答案

## 思考与练习

1. 雕刻牡丹花要注意哪些要领?
2. 结合本任务所学内容,运用西瓜雕刻出牡丹花。

项目四

# 花卉篇(组合雕)

## 项目导学

花卉组合雕是在继承传统花卉雕刻技法的基础上,经过不断探索、创新而发展起来的一种花卉雕刻方法。这正是习近平总书记在党的二十大报告中提出的:“必须坚持守正创新”“不断拓展认识的广度和深度”“敢于干前人没有干过的事情”。这种雕刻方法在现代雕刻中应用非常普遍。相对于整雕花卉来讲,其作品更加形象逼真,艺术表现力更强。

组合雕花卉是先将花卉的各个部件雕刻好后,再通过粘接组装成完整的花卉作品。在粘接过程中要使用502胶水,502胶水在食品雕刻中的使用在一定程度上促进了食品雕刻的发展,但在使用上要保证安全卫生,防止污染食品。

在本项目的雕刻学习实例中,主要选取了在雕刻技法、造型手法上有一定代表性的组合雕花卉。掌握了这几种组合雕花卉的雕刻方法和手法,就能举一反三,雕刻出更多的组合雕花卉。

## 项目目标

知识教学目标:通过本项目的学习,了解组合雕花卉的种类及基础知识,掌握组合雕花卉类雕刻的操作步骤和操作要领。

能力培养目标:掌握各种组合雕花卉的雕刻方法和技巧,能够触类旁通、举一反三,雕刻出不同造型的组合雕花卉。

职业情感目标:养成眼勤、手勤、脑勤的良好习惯,培养学生勤学苦练、持之以恒的学习态度,增强学好食品雕刻的信心。

## 任务一 菊 花

### 任务描述

在食品雕刻中,菊花是基础教学品种之一,菊花的雕刻品种很多,主要根据花瓣形状和雕刻所用原料为其命名。其中最基础并具有代表性的就是直瓣菊花和白菜菊花的雕刻。菊花雕刻一般选用心里美萝卜、胡萝卜、白萝卜、南瓜、青萝卜等原料,运用O型掏刀,采用拉刀刻等技法,雕刻出各个花瓣,再进行粘接组合,完成菊花造型的雕刻。

## 任务目标

1. 掌握原料南瓜、白萝卜、心里美萝卜、胡萝卜、青萝卜的选择及颜色搭配的方法。
2. 能够运用 U 型戳刀、O 型掏刀技法，雕刻出形态逼真的菊花。
3. 初步感受构图能力及色彩搭配能力的重要性。
4. 在完成菊花雕刻制作任务中，养成认真、细心、耐心的良好习惯。

## 知识准备

菊花（图 4-1-1）属于菊科，是中国十大名花之一。菊花大小不一，单个或数个集生于茎枝顶端；因品种不同，差别很大。花色则有红、黄、白、橙、紫、粉红、暗红等各色，培育的品种极多，头状花序多变化，形色各异，形状因品种而有单瓣、平瓣、匙瓣等多种类型。

菊花是花中"四君子"之一，在中国有三千多年的栽培历史。中国人极爱菊花，其被赋予吉祥、长寿的含义，并有清净、高洁的寓意。

图 4-1-1

## 任务实施

### 一、原料准备

白萝卜、南瓜。

### 二、工具准备

切刀、砧板、主刻刀、水盆、502 胶水、O 型掏刀、U 型戳刀、刮皮刀。

### 三、制作过程

制作视频-菊花

❶ **雕刻花瓣**　选取一个南瓜，用小号 O 型掏刀拉刻出一个有一定弧度的凹面（图 4-1-2），再用大号 O 型掏刀拉刻出两头稍细中间粗的船型花瓣，花瓣的长度逐渐变长（图 4-1-3）。

❷ **雕刻花芯大形**　取一根白萝卜，用切刀修成上宽下窄的圆柱体（图 4-1-4）。

❸ **细刻花芯**　用 U 型戳刀戳出花芯，去除上侧废料（图 4-1-5、图 4-1-6）。

❹ **组合粘接**　把雕刻好的菊花花瓣由内到外、由小到大依次用 502 胶水粘好，后一层花瓣粘接在前一层两片之间，直至组装成完整的菊花（图 4-1-7 至图 4-1-10）。

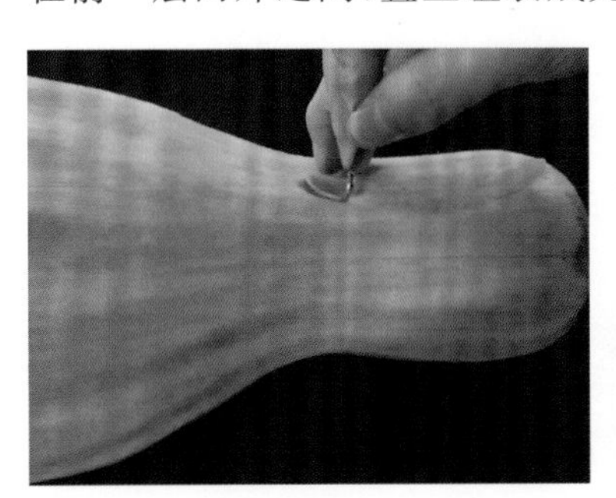

图 4-1-2

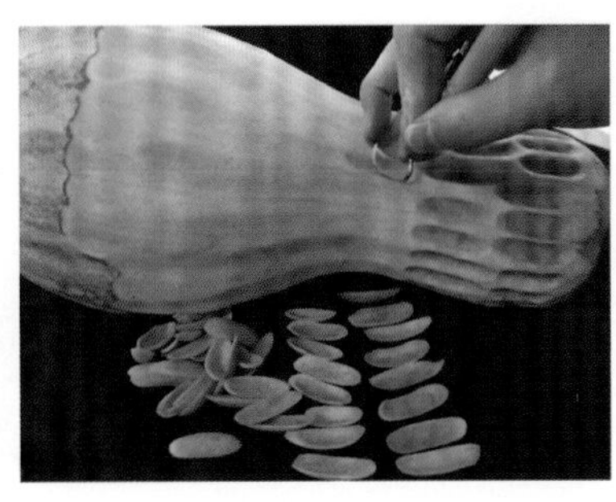

图 4-1-3

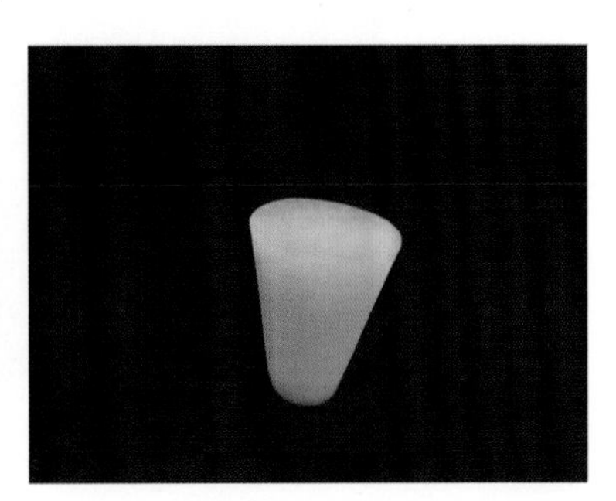

图 4-1-4

图 4-1-5　图 4-1-6　图 4-1-7

图 4-1-8　图 4-1-9　图 4-1-10

## 四、技术要领

1. 雕刻刀具要锋利，菊花整体完整无缺，形态逼真、美观。
2. 成品要求花瓣边缘光滑无毛边，平整光滑，花瓣中间呈凹状条形。
3. 拉刻菊花花瓣时，用力要均匀，握刀要稳。
4. 组装粘接花瓣时，花芯的花瓣应短一些，外层花瓣应长一些。
5. 注意每层花瓣的角度变化，花瓣间隔要小一些。

## 知识拓展

以菊花为主题，可以制作哪些菊花组合雕刻（参考图 4-1-11，图 4-1-12）？

图 4-1-11

图 4-1-12

## 思考与练习

扫码看答案

1. 组合雕菊花与整雕菊花各有什么特点？
2. 以白萝卜作为原料，雕刻出一朵菊花。

# 任务二　荷　花

## 任务描述

在食品雕刻中，荷花是基础教学品种之一，一般选用心里美萝卜、胡萝卜、白萝卜、青萝卜等原料，主要运用弯刀，采用弧刀刻等技法，雕刻出花瓣，再运用其他手法雕刻出花芯，最后将花瓣和花芯进行粘接组装在一起，完成荷花造型的雕刻。在烹饪当中荷花主要用于一些菜肴的装饰。

## 任务目标

1. 掌握原料的选择及颜色搭配的方法。
2. 能够运用圆形掏刀、锯齿形弯刀，雕刻出形态逼真的荷花。
3. 初步感受构图能力及色彩搭配能力的重要性。
4. 在完成荷花雕刻制作任务中，养成认真、细致、耐心的良好习惯。

## 知识准备

荷花（图 4-2-1）又名莲花、水芙蓉等，是莲属多年生水生草本花卉。花瓣多数，有红、粉红、白、紫等色，或有彩纹、镶边。坚果呈椭圆形，种子呈卵形。其根茎（藕）肥大多节，横生于水底泥中，叶盾状圆形，表面深绿色，被蜡质白粉覆盖，背面灰绿色，叶柄圆柱形，密生倒刺，花单生于花梗顶端、高托水面之上，有单瓣、复瓣、重瓣及重台等花型。荷花寓意纯洁、坚贞、吉祥，常作为和平、和谐、合作、团结的象征。

图 4-2-1

## 任务实施

### 一、原料准备

白萝卜、胡萝卜、青萝卜。

### 二、工具准备

切刀、砧板、主刻刀、水盆、502 胶水、内弧弯刀、U 型戳刀、水溶性铅笔等。

### 三、制作过程

❶ **修出花瓣大形**　取一根白萝卜，切取一段，用刀切成梯形（图 4-2-2）。

制作视频-荷花

❷ **细刻花瓣形状** 用水溶性铅笔在较大的横截面画出花瓣的形状，用主刻刀顺着弧度雕刻出花瓣的形状并保证前面较大，后面较小（图 4-2-3、图 4-2-4）。

❸ **雕刻花瓣** 用内弧弯刀雕刻第一片花瓣，由上往下运刀，把原料雕刻成上薄下厚的花瓣形。每层 6 片花瓣，共三层 18 片花瓣。剩下的以此类推，逐渐由大到小（图 4-2-5、图 4-2-6）。

❹ **修出花芯大形** 选取一根胡萝卜，用主刻刀修成上宽下窄的圆柱体（图 4-2-7）。

❺ **雕刻莲子** 将 U 型戳刀戳出莲子（图 4-2-8），用主刻刀去除内侧、外侧废料（图 4-2-9、图 4-2-10）。

❻ **雕刻花蕊** 用切刀取青萝卜皮一块，切成一排丝状的花蕊（图 4-2-11），最后用 502 胶水粘到花芯边缘（图 4-2-12）。

❼ **组合粘接** 把雕刻好的花瓣，花芯由内到外、由小到大依次用 502 胶水粘好，后一层花瓣粘接在前一层两片之间，组装成完整的荷花（图 4-2-13 至图 4-2-16）。

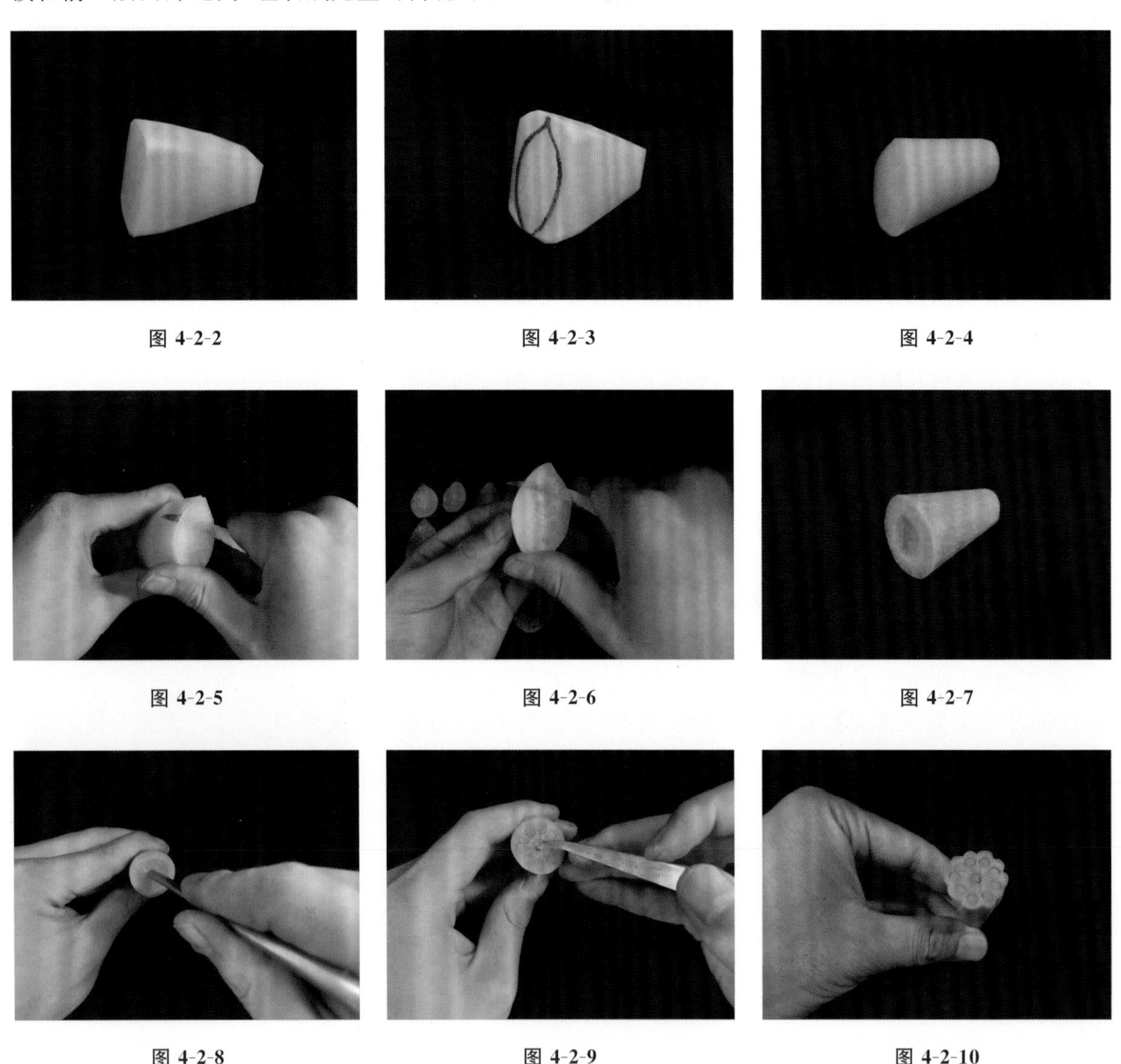

图 4-2-2　图 4-2-3　图 4-2-4

图 4-2-5　图 4-2-6　图 4-2-7

图 4-2-8　图 4-2-9　图 4-2-10

## 四、技术要领

1. 雕刻刀法要熟练，荷花整体完整无缺，形态逼真、美观。
2. 成品要求花瓣边缘光滑无毛边，厚薄适中、平整光滑，花瓣中间呈下凹的勺状。

图 4-2-11　　图 4-2-12　　图 4-2-13

图 4-2-14　　图 4-2-15　　图 4-2-16

3. 掌握好花瓣和花芯的高度,外层花瓣逐渐变低,并向外绽放。丝状花芯粗细均匀、完整。

4. 莲蓬上大下小,中间高边缘低,莲子排列整齐对称。

## 知识拓展

以荷花为主题,可以制作哪些荷花组合雕刻(参考图 4-2-17,图 4-2-18)?

图 4-2-17

图 4-2-18

## 思考与练习

1. 影响荷花整体形态的因素有哪些?

2. 课下以心里美萝卜作为主料,雕刻出一朵荷花。

扫码看答案

# 任务三 树 枝

## 任务描述

在食品雕刻中，树枝是经常用到的一类题材。雕刻时，一般选用南瓜、心里美萝卜、青萝卜、芋头等原料，采用直刀刻、拉刀刻等技法，先雕刻出树干，再雕刻花叶，最后再组装，完成树枝造型的雕刻。其中，树干的雕刻是最难的部分，在雕刻时要把握好树干的形态特征。在食品雕刻当中主要和一些禽鸟类搭配，做一些组合雕刻，用于宴会展台。

## 任务目标

1. 掌握原料的选择及颜色搭配的方法。
2. 能够运用直刀刻法雕刻出形态逼真的树枝。
3. 初步感受构图能力及色彩搭配能力的重要性。
4. 在完成树枝雕刻制作任务中，养成认真、细致、耐心的良好习惯。

## 知识准备

食品雕刻中的树枝多以梅树树枝（图 4-3-1）居多。梅树是落叶乔木，原产于中国。在 2 月和 3 月，梅树的叶子还没长出来，但是已经抽出几朵五瓣花来。花朵的颜色大多是白色，也有红色和浅红色的。梅树高可达5～6 米，树冠开展，树干褐紫色或淡灰色，多纵驳纹。

梅树有不屈不挠、健康长寿等寓意。

图 4-3-1

## 任务实施

### 一、原料准备

南瓜、心里美萝卜。

### 二、工具准备

切刀、砧板、主刻刀、水盆、502 胶水、O 型掏刀、U 型戳刀、水溶性铅笔。

### 三、制作过程

制作视频-树枝

❶ **切割厚片** 准备一截南瓜（图 4-3-2），用切刀切成 2 厘米的厚片（图 4-3-3）。

❷ **勾画轮廓** 将切好的厚片摆成树枝的造型，用水溶性铅笔在南瓜表面画出树枝的轮廓和枝节（图 4-3-4）。

❸ **雕刻大形** 用主刻刀雕刻出树枝的大形，再用主刻刀去掉废料（图 4-3-5）。

❹ **细刻树枝** 用小号 O 型掏刀刻出树枝上的年轮、树洞、纹路（图 4-3-6）。

❺ **雕刻梅花、组装粘接** 用心里美萝卜雕刻出梅花粘接在相应位置上（图 4-3-7），用清水浸泡整理。

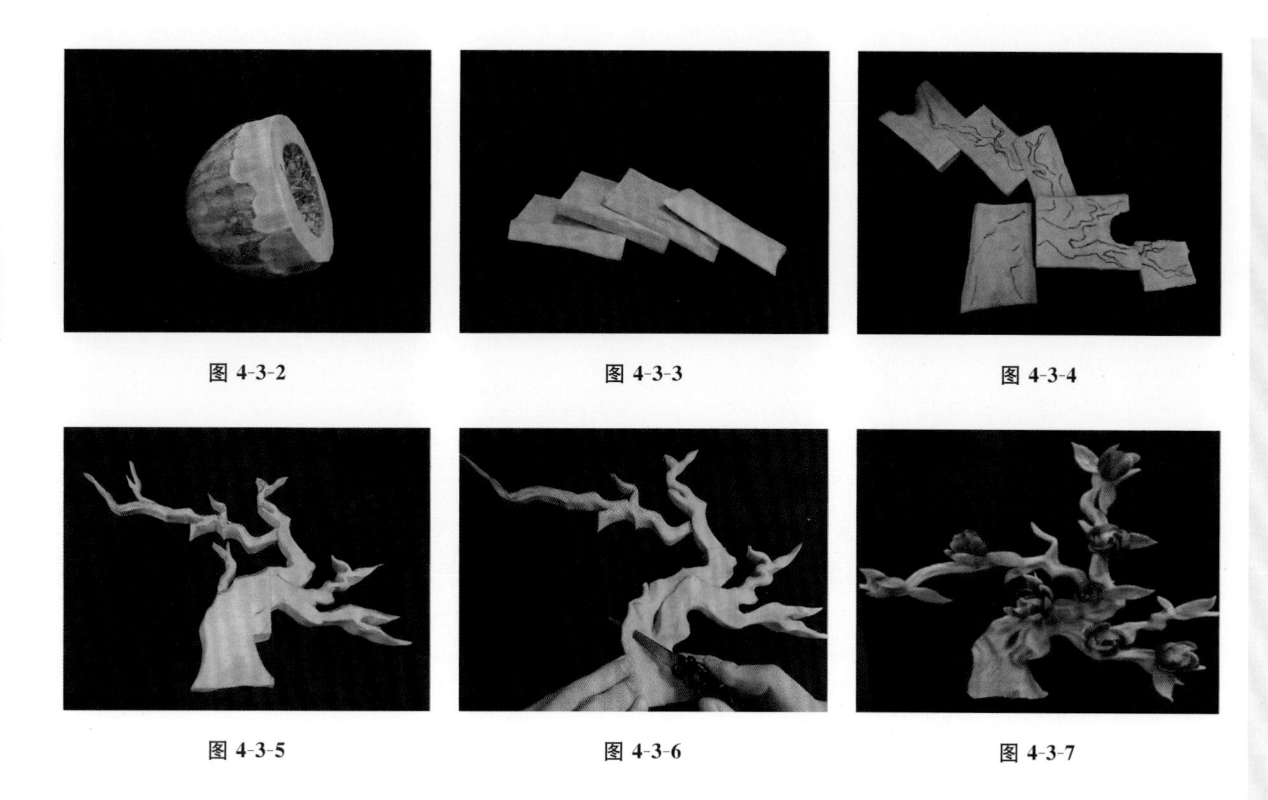

图 4-3-2　　图 4-3-3　　图 4-3-4

图 4-3-5　　图 4-3-6　　图 4-3-7

## 四、技术要领

1. 要雕刻出梅花树枝的特点和特征，突显沧桑感。
2. 树枝的脉络转折要刻画清楚，切勿使线条杂乱无章。
3. 雕刻树枝需要多种刀具交叉使用，根据树枝的特点雕刻成型。
4. 雕刻好的树枝一定要经过正确而恰当的精心打磨，才能体现出最佳效果。

### 知识拓展

以树枝为主题，可以制作哪些树枝组合雕刻(参考图 4-3-8，图 4-3-9)？

图 4-3-8

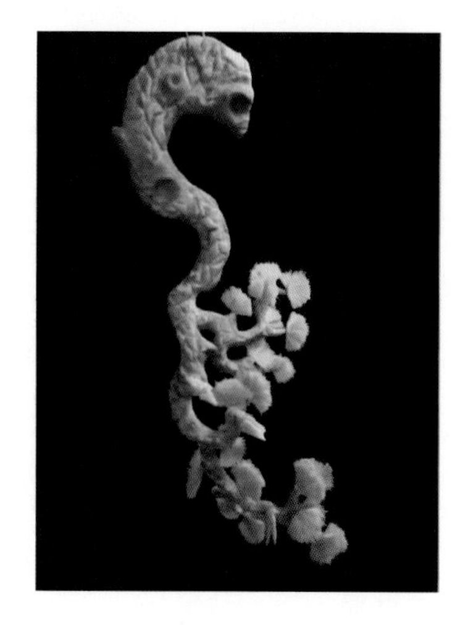

图 4-3-9

扫码看答案

## 思考与练习

1. 在雕刻树枝时要注意哪些要领？
2. 课下雕刻出其他造型的树枝。

# 任务四 竹 子

## 任务描述

在食品雕刻中，竹子是比较常见的一种雕刻造型，一般选用青萝卜等原料，采用直刀刻、戳刀刻等技法，完成竹子造型的雕刻，再雕刻出竹叶、竹笋进行组合。在烹饪当中，竹子雕刻除了单独用于一些菜肴的装饰外，还可与其他花鸟雕刻进行组合，制作大型雕刻作品。

## 任务目标

1. 掌握原料的选择及颜色搭配的方法。
2. 能够运用 V 型戳刀刻、直刀刻法雕刻出形态逼真的竹子。
3. 初步感受构图能力及色彩搭配能力的重要性。
4. 在完成竹子雕刻制作任务中，养成认真、细致、耐心的良好习惯。

## 知识准备

竹子(图 4-4-1)又称竹类或竹。有的低矮似草，又有的高如大树。竹枝杆挺拔，修长，四季青翠，凌霜傲雪，倍受人们喜爱。人们常称梅兰竹菊为“四君子”，称梅松竹为“岁寒三友”。中国古今文人墨客，爱竹诵竹者众多。它的“劲节”，代表不屈的骨节；它的“虚空”，代表谦逊的胸怀；它的“萧疏”，代表诗人超群脱俗。

图 4-4-1

## 任务实施

### 一、原料准备

青萝卜、白萝卜、胡萝卜。

### 二、工具准备

切刀、砧板、主刻刀、水盆、502 胶水、U 型戳刀、V 型戳刀、O 型掏刀、水溶性铅笔。

### 三、制作过程

❶ **雕刻大形**　选取一根青萝卜(图 4-4-2)，用水溶性铅笔把青萝卜分成四段，用 V 型戳刀顺着弧度去掉废料(图 4-4-3)。

❷ **细刻竹节**　用主刻刀去掉废料形成一个鼓形(图 4-4-4),用粗砂纸打磨备用(图 4-4-5)。

❸ **雕刻顶端竹节**　用大号 O 型掏刀由内向外去除竹节最顶端的废料,然后用主刻刀刻成锯齿形(图 4-4-6)。

❹ **雕刻其余竹子**　参照以上雕刻方法雕刻出余下两根竹子(图 4-4-7)。

❺ **雕刻竹叶**　选用一片青萝卜,用主刻刀雕刻出竹叶的形状,用切刀切成片,每三片粘接成一个完整的竹叶(图 4-4-8)。再雕刻竹子的分枝(图 4-4-9)。

❻ **雕刻竹笋**　用主刻刀雕刻出竹笋(图 4-4-10)。

❼ **雕刻山石**　白萝卜切成 1 厘米的厚片,按照假山石的形态粘接出假山石的大形(图 4-4-11)。

❽ **组装完成**　最后用 502 胶水把竹子、竹叶、竹笋粘接到假山石上(图 4-4-12,图 4-4-13)。

制作视频-竹子

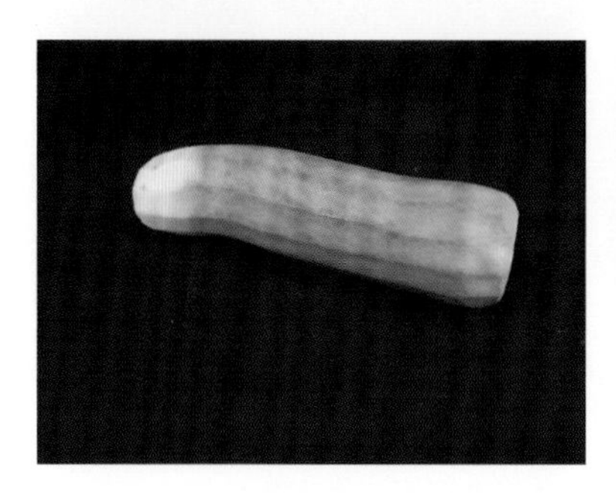

图 4-4-2

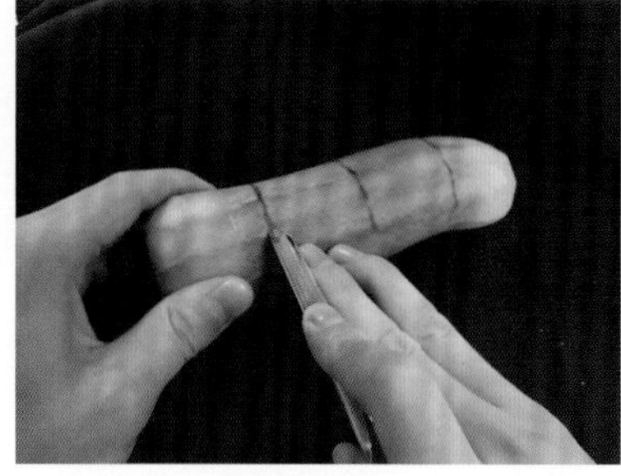

图 4-4-3

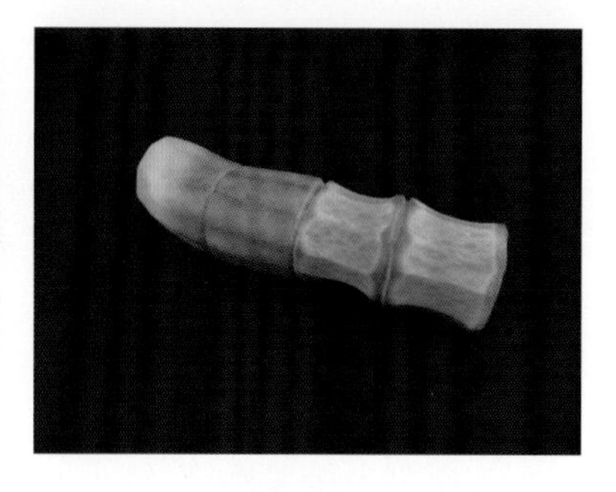

图 4-4-4

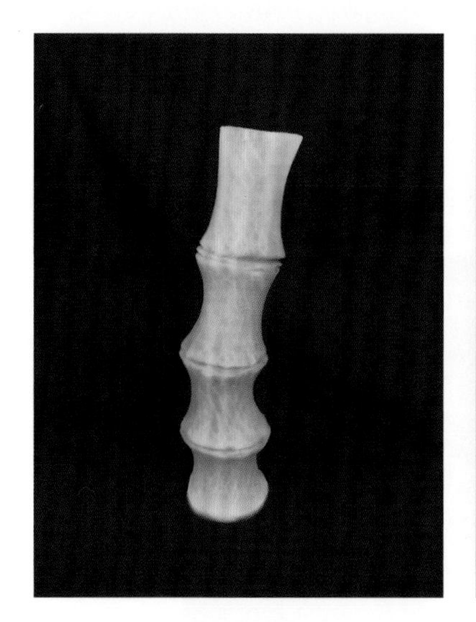

图 4-4-5

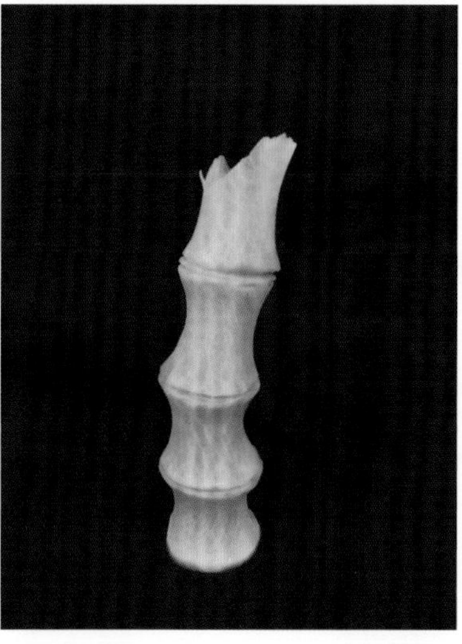

图 4-4-6

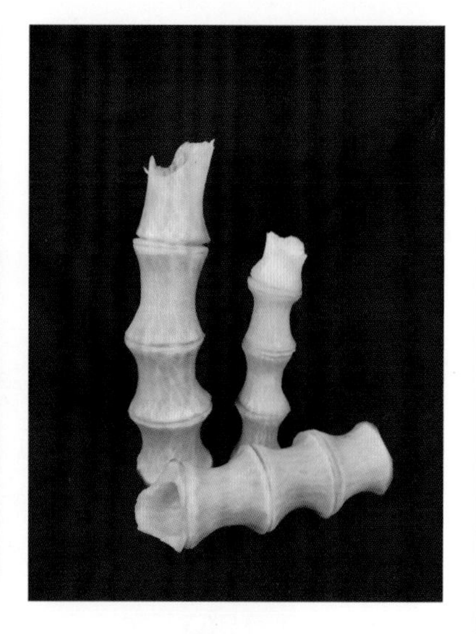

图 4-4-7

图 4-4-8

图 4-4-9

图 4-4-10

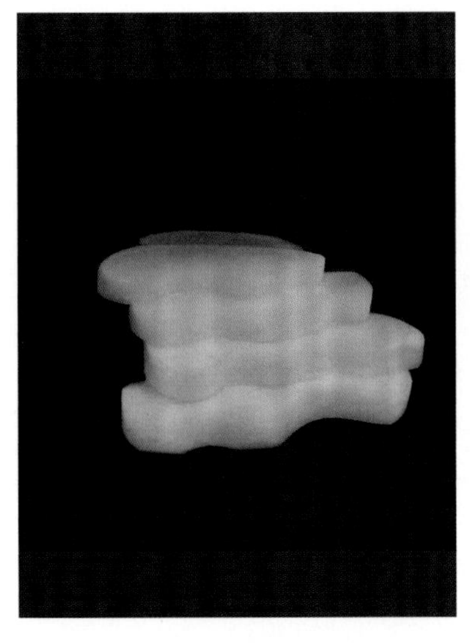

图 4-4-11

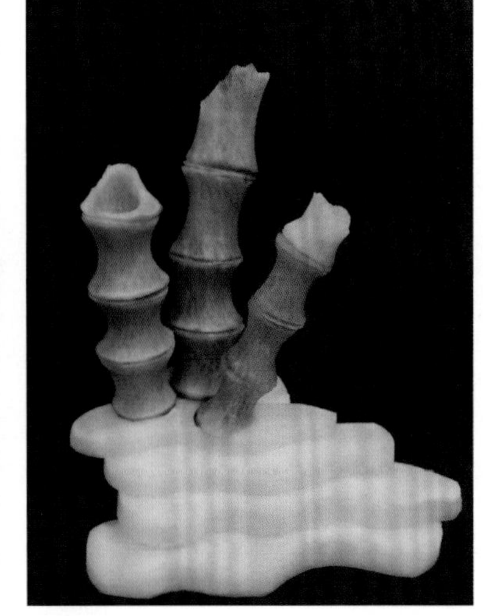

图 4-4-12

图 4-4-13

## 四、技术要领

1. 雕刻刀法要熟练，竹子的竹节光滑平整，形态逼真、美观。
2. 竹叶要求中间长两边短，假山石前后层次要错落有致。
3. 竹笋要求层次分明、无败刀。

## 知识拓展

以竹子为主题，可以制作哪些竹子组合雕刻(参考图 4-4-14，图 4-4-15)?

图 4-4-14

图 4-4-15

## 思考与练习

扫码看答案

1. 雕刻竹子时要注意哪些技巧?
2. 根据所学竹子雕刻技法，与花卉进行组合，雕刻出一个作品。

# 鱼虾虫篇

## 项目导学

食品雕刻中的鱼虾虫造型富有生动活泼、鲜艳夺目的特质，常常给人一种赏心悦目的感觉。鱼虾虫作品选料广泛且费材不多，雕刻技法简单快捷，常用于菜肴的装饰和点缀。一般采用写意手法进行雕刻，在雕刻工具的选用和雕刻手法的运用上，较花卉类有所增加。通常有零雕整装和整雕两种雕刻类型。

## 项目目标

知识教学目标：通过本项目的学习，了解鱼虾虫类雕刻的种类及基础知识，掌握鱼虾虫类雕刻的操作步骤和操作要领。

能力培养目标：掌握食品雕刻中各种鱼虾虫类的雕刻方法和技巧，并能够运用到实际工作当中，为全面掌握食品雕刻的制作和设计打下良好基础。

职业情感目标：培养学生的审美能力，使学生养成宽容大度、善良诚信的职业修养，具有主动、热情、耐心的服务意识。

## 任务一 虾

### 任务描述

虾是食品雕刻中重要的教学品种之一，一般选用胡萝卜或南瓜等原料，运用直刀刻、戳刀刻等技法，完成虾造型的雕刻装饰。虾在食品雕刻中常与山石、水草等搭配组合，多用于盘饰之用。

### 任务目标

1. 了解虾的相关知识。
2. 能够掌握虾身体结构特征和姿态，并运用雕刻技法雕刻出栩栩如生的虾。
3. 在完成虾雕刻制作任务中，使学生养成主动、热情、耐心的服务意识。

### 知识准备

虾（图 5-1-1），是一种生活在水中的动物，属节肢动物甲壳类，种类很多，包括河虾、草虾、对虾、明虾、基围虾、琵琶虾等。

虾体长而扁，分头胸和腹两部分，半透明，侧扁，腹部可弯曲，末端有尾扇。头胸由甲壳覆盖，腹部由 7 节体节组成。头胸甲前端有一尖长呈锯齿状的额剑及一对能转动的带有柄的复眼，虾的口在头胸部的底部。头胸部有 2 对触角，负责嗅觉、触觉及平衡。头胸部还有 3 对颚足，帮助把持食物；有 5 对步足，主要用来捕食和爬行。虾没有鱼那样的尾鳍，只有一对粗短的尾肢。

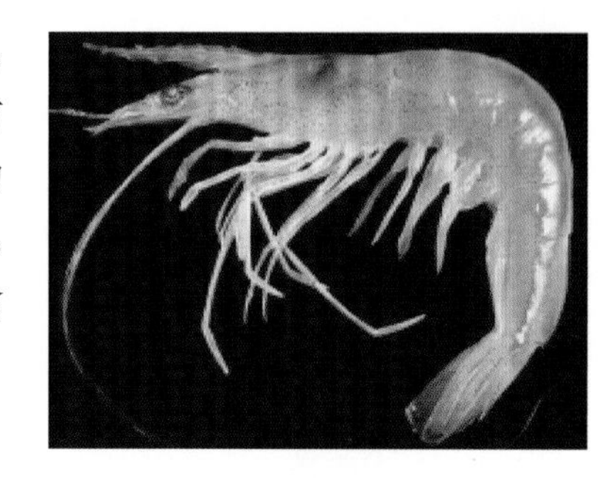

图 5-1-1

## 任务实施

### 一、原料准备

胡萝卜。

### 二、工具准备

切刀，砧板，主刻刀，U 型戳刀，502 胶水，水溶性铅笔。

### 三、制作过程

制作视频-虾 1

制作视频-虾 2

❶ **选料修整** 选用一根新鲜的胡萝卜，将其切成一个厚片，并将顶端两头修薄，如图 5-1-2 所示。

❷ **勾画大形** 用水溶性铅笔画出虾的大形，接着用主刻刀去除虾身上侧多余废料，如图 5-1-3 所示。

❸ **雕刻头壳和腹节大形** 用 U 型戳刀戳出虾头壳和腹节的轮廓，如图 5-1-4、图 5-1-5 所示。

❹ **雕刻额剑** 用主刻刀在虾的头部雕刻出锯齿状的额剑，如图 5-1-6 所示。

❺ **细刻头壳和腹节** 用主刻刀细刻出虾的头壳和腹节的纹路，如图 5-1-7 所示。

❻ **雕刻步足和腹肢** 用主刻刀雕刻出虾的步足，再雕刻出腹肢，用 502 胶水粘接在头部，如图 5-1-8 所示。

❼ **雕刻虾眼和虾须** 雕刻虾的眼睛和虾须，最后用 502 胶水粘接到虾头部的相应位置上，如图 5-1-9、图 5-1-10 所示。

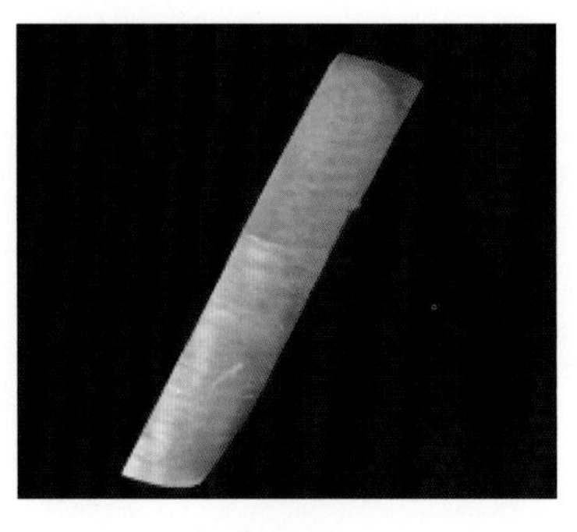

图 5-1-2

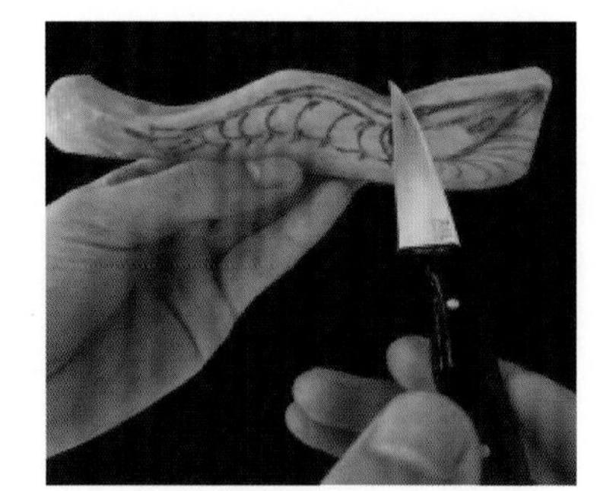

图 5-1-3

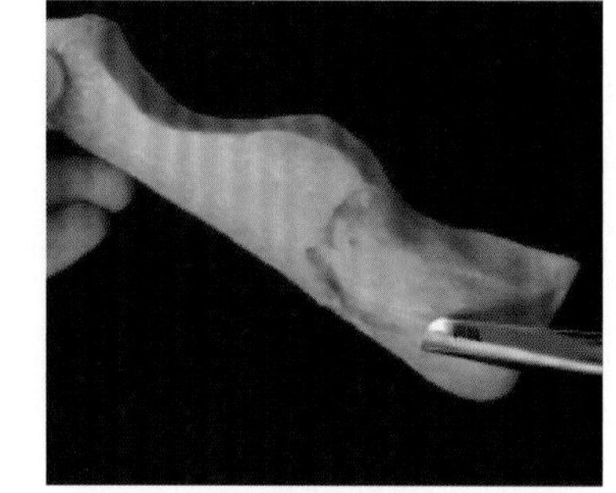

图 5-1-4

### 四、技术要领

1. 雕刻刀法要熟练，各个部位比例协调。
2. 雕刻腿部时，要掌握好虾足和腹肢的长短。
3. 在粘接时要注意胶水不能外漏，以免影响整体的美观。
4. 在雕刻虾腹节时，不要下刀太深，以免将虾身刻透。

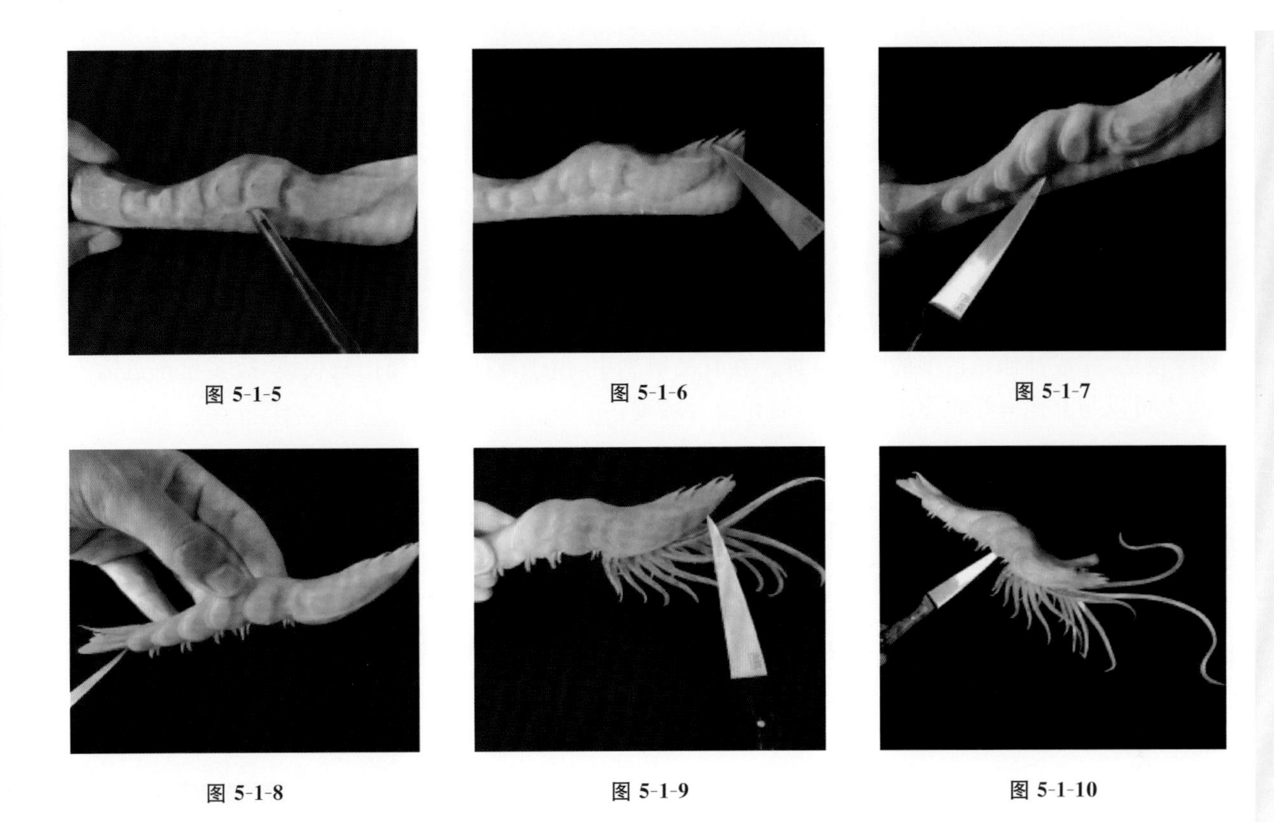

图 5-1-5　图 5-1-6　图 5-1-7

图 5-1-8　图 5-1-9　图 5-1-10

## 知识拓展

运用虾的雕刻手法，以虾为主要表现形式，可以制作哪些作品(参考图 5-1-11、图 5-1-12)？

图 5-1-11

图 5-1-12

## 思考与练习

1. 在雕刻虾身时要注意哪些要领？
2. 结合本任务所学知识，制作一款以虾为主题的雕刻作品。

扫码看答案

# 任务二 神 仙 鱼

## 任务描述

在食品雕刻中，神仙鱼是基础教学品种之一，一般选用胡萝卜或南瓜等原料，运用直刀刻、戳刀刻等技法，完成神仙鱼造型的雕刻装饰。在食品雕刻中，由于神仙鱼雕刻比较快捷，故多用于盘饰当中，也可以与其他海洋鱼类组合搭配，制作组合雕刻。

## 任务目标

1. 了解神仙鱼的相关知识。
2. 能够运用直刀刻、戳刀刻等技法，雕刻出栩栩如生的神仙鱼。
3. 在完成神仙鱼雕刻制作任务中，养成认真、细致、耐心的良好习惯。

## 知识准备

神仙鱼（图 5-2-1），也叫天使鱼。神仙鱼呈菱形，而且比较偏向扁形。鱼鳍都是向后面延长的，上下都非常工整对称，好像张开的船帆一样。神仙鱼的腹鳍特别长，呈丝条状。如果从侧面看的话，神仙鱼就好像燕子在空中翱翔一样，所以又叫燕鱼。

神仙鱼体态高雅、潇洒娴静，游姿俊俏优美，色彩艳丽，被誉为“热带鱼皇后”，受到人们的喜爱。

图 5-2-1

## 任务实施

### 一、原料准备

胡萝卜。

### 二、工具准备

切刀，砧板，主刻刀，U 型戳刀，V 型戳刀，502 胶水，水溶性铅笔。

### 三、制作过程

制作视频-神仙鱼 1

❶ **勾画大形** 取一块胡萝卜作为主料，在上面用水溶性铅笔画出神仙鱼的大形，如图 5-2-2 所示。

❷ **刻出大形** 首先用 U 型戳刀从神仙鱼尾部戳出两个小孔，再用主刻刀沿着用水溶性铅笔画的线条，将神仙鱼的大形修出来，如图 5-2-3、图 5-2-4 所示。

❸ **雕刻头部** 用主刻刀从胡萝卜前端刻出鱼嘴，再用 V 型戳刀戳出鳃盖，接着用 U 型戳刀戳出眼球，安上仿真眼，如图 5-2-5、图 5-2-6 所示。

❹ **粘接鱼鳍** 另取一块原料，雕刻出神仙鱼的背鳍和臀鳍，并用 502 胶水粘接在神仙鱼的上下两端，如图 5-2-7 所示。

制作视频-神仙鱼 2

❺ **雕刻鱼鳞**　用主刻刀从神仙鱼头部向尾部刻出鱼鳞，如图 5-2-8 所示。

❻ **雕刻鱼鳍**　用 V 型戳刀戳出神仙鱼背鳍、臀鳍、尾鳍的纹路，如图 5-2-9 所示。

❼ **雕刻胸鳍、飘带**　另取一块原料，雕刻出神仙鱼的胸鳍和飘带，用 502 胶水粘接在鳃盖后端，如图 5-2-10 所示。

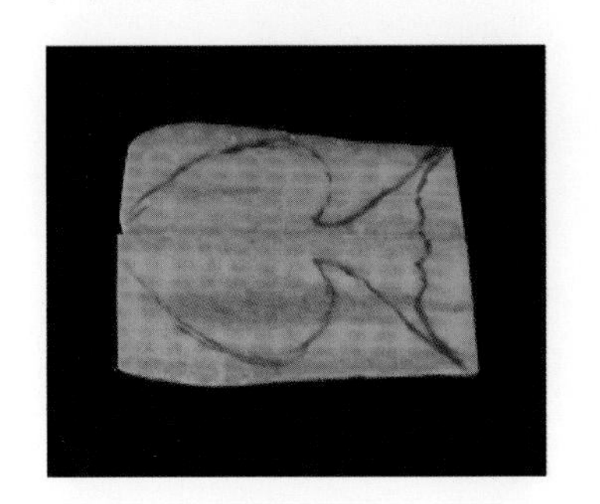
图 5-2-2

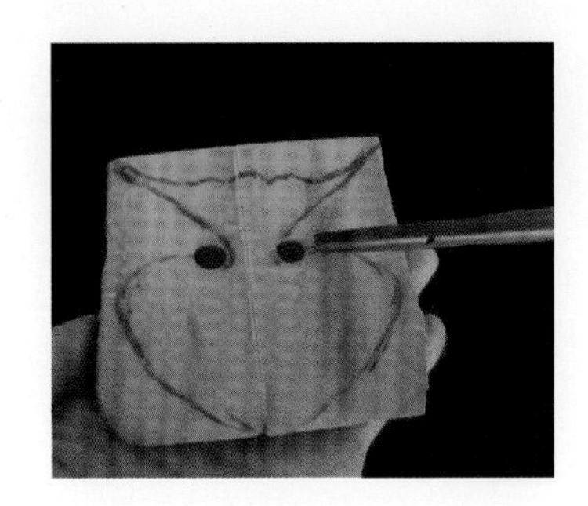
图 5-2-3

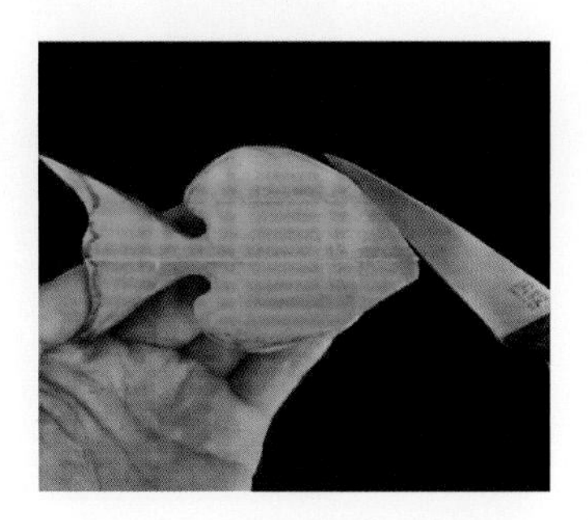
图 5-2-4

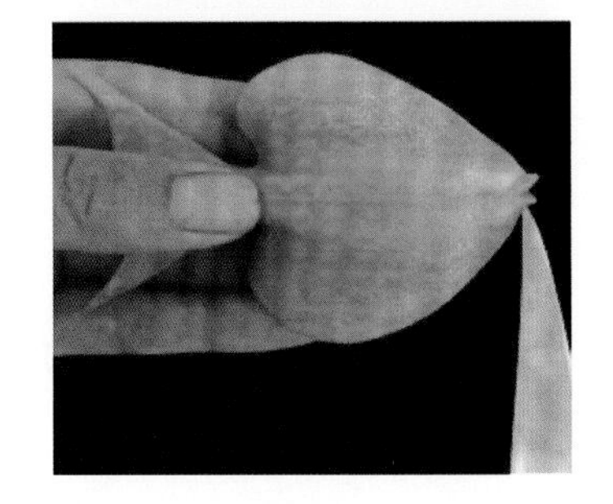
图 5-2-5

图 5-2-6

图 5-2-7

图 5-2-8

图 5-2-9

图 5-2-10

## 四、技术要领

1. 雕刻刀法要熟练，要求神仙鱼成品的边缘光滑无毛边，鱼的身体比例合适。

2. 掌握好神仙鱼背鳍、臀鳍和尾鳍的大小和形状，上下要对称。

3. 雕刻神仙鱼的大形时可以将其看成是个三角形。

4. 在雕刻神仙鱼的鳞片时也要大小适中。雕刻飘带时可以将其刻得长一点，这样会使成品效果更佳。

5. 在划鱼鳍上面的纹路时，不要划得太密集，也不要太宽，形态要自然。

## 知识拓展

运用神仙鱼的雕刻手法，以神仙鱼为主要表现形式，可以制作哪些作品（参考图 5-2-11，图 5-2-12）？

图 5-2-11

图 5-2-12

扫码看答案

### 思考与练习

1. 在雕刻神仙鱼鱼鳞时要注意哪些要领？
2. 以神仙鱼为主题制作一款盘饰。

## 任务三 鲤　鱼

### 任务描述

在食品雕刻中，鲤鱼是基础教学品种之一，一般选用南瓜或胡萝卜等原料，运用直刀刻、戳刀刻等技法，完成鲤鱼造型的雕刻。鲤鱼在食品雕刻中应用较为广泛，取其“年年有余”“鲤鱼跃龙门”之意，非常受人们喜爱，可增添喜庆气氛。

### 任务目标

1. 了解鲤鱼的相关知识。
2. 能够把握鲤鱼的基本特征和各种姿态，熟练运用雕刻技法雕刻出活泼传神的鲤鱼。
3. 在完成鲤鱼雕刻制作任务中，使学生养成认真、细致、耐心的良好习惯。

### 知识准备

鲤鱼(图 5-3-1)是原产于亚洲的淡水鱼，喜欢生活在平原上的暖和湖泊或水流缓慢的河水里。鲤鱼因鱼鳞上有十字纹理而得名。其体态肥，肉质细嫩，一年四季均产，但以二三月产的最肥。鲤鱼呈柳叶形，背略隆起，嘴上有须，鳞片大且紧，鳍齐全，肉多刺少。按生长水域的不同，鲤鱼可分为河鲤鱼、江鲤鱼和池鲤鱼。

## 任务实施

### 一、原料准备

荔浦芋头。

### 二、工具准备

切刀，砧板，主刻刀，U 型戳刀，V 型戳刀，拉刻刀，水溶性铅笔，502 胶水等。

图 5-3-1

制作视频-鲤鱼 1

制作视频-鲤鱼 2

### 三、制作过程

❶ **定出大形**　选用一块荔浦芋头，用主刻刀沿着白色线条定出鲤鱼大形(图 5-3-2、图 5-3-3)，再用圆形拉刻刀定出背鳍位置(图 5-3-4)。

❷ **雕刻头部**　用主刻刀雕刻出嘴部，然后用 U 型戳刀戳出眼球，再用拉刻刀刻出鳃盖纹路(图 5-3-5)。

❸ **雕刻鱼鳞**　用主刻刀刻出鱼鳞，注意鱼鳞的层次变化(图 5-3-6)。

❹ **雕刻尾部**　用 U 型戳刀戳出尾部轮廓，再用 V 型戳刀戳出尾鳍(图 5-3-7)。

❺ **雕刻鱼鳍**　雕刻出背鳍、腹鳍、臀鳍，并粘接在相应位置上(图 5-3-8、图 5-3-9)。

❻ **雕刻浪花、荷花**　另取一块原料，雕刻出浪花和荷花(图 5-3-10、图 5-3-11)。

❼ **上色、组装**　用食用色素涂抹在相应的鱼鳞上(图 5-3-12)，最后将刻好的鲤鱼、浪花、荷花组装在一起(图 5-3-13)。

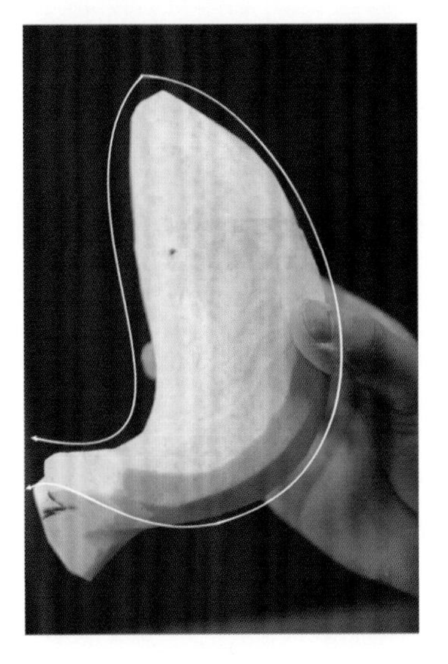

图 5-3-2

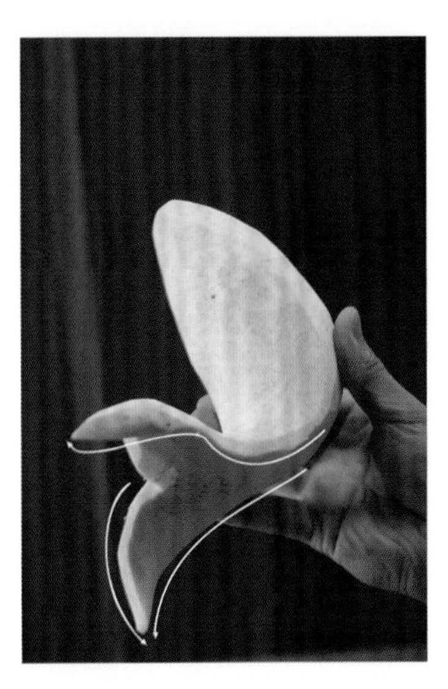

图 5-3-3

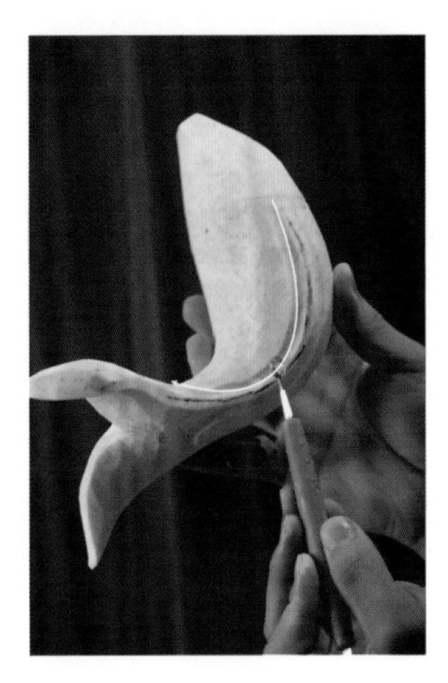

图 5-3-4

### 四、技术要领

1. 雕刻刀法要熟练，要求成品体形完整，各个部位比例协调。
2. 鲤鱼鳞片要大小均匀，前后位置错开。
3. 掌握好鲤鱼头部、身体、尾部三个部分的比例。
4. 雕刻鲤鱼鳞片时注意下刀的深度和去废料的角度。

图 5-3-5

图 5-3-6

图 5-3-7

图 5-3-8

图 5-3-9

图 5-3-10

图 5-3-11

图 5-3-12

图 5-3-13

## 知识拓展

运用鲤鱼的雕刻手法，以鲤鱼为主要表现形式，可以制作哪些作品(参考图 5-3-14，图 5-3-15)？

图 5-3-14

图 5-3-15

## 思考与练习

扫码看答案

1. 鲤鱼的神态特征有哪些？
2. 结合本任务所学知识，制作一款以鲤鱼为主题的雕刻作品。

# 任务四 蝴蝶

## 任务描述

在食品雕刻中，蝴蝶的雕刻方法较为简单，一般选用心里美萝卜、胡萝卜、白萝卜等原料，运用直刀刻、旋刀刻等技法，完成蝴蝶造型的雕刻。主要应用于一些菜肴的装饰，另外还可作为一些大型雕刻作品的点缀之用。

## 任务目标

1. 了解蝴蝶的相关知识，掌握蝴蝶的雕刻要领。
2. 能够运用各种雕刻技法，雕刻出活灵活现的蝴蝶。
3. 在完成蝴蝶雕刻制作任务中，养成认真、细致、耐心的良好习惯。

## 知识准备

蝴蝶(图 5-4-1)全世界有 1400 余种，大部分分布在美洲，尤其在亚马逊河流域品种最多，在世界其他地区除了南北极寒冷地带以外都有分布。蝴蝶身体分为头、胸、腹，有两对翅膀，三对足。在头部有一对锤状的触角，触角端部加粗，翅膀宽大，停歇时翅竖立于背上，腹部瘦长。蝴蝶是美丽的昆虫，被人们誉为“会飞的花朵”。

任务实施

图 5-4-1

## 一、原料准备

胡萝卜、心里美萝卜、青萝卜。

## 二、工具准备

切刀，砧板，主刻刀，V 型戳刀，牙签，502 胶水、水溶性铅笔。

## 三、制作过程

制作视频-蝴蝶

❶ **取料分割**　取一根胡萝卜，用切刀切成一个长方形的厚片。如图 5-4-2 所示。

❷ **勾画大形**　用水溶性铅笔画出蝴蝶的大形。如图 5-4-3 所示。

❸ **雕刻大形**　接着用主刻刀沿着笔线去除多余原料，并修整光滑。如图 5-4-4 所示。

❹ **雕刻腹节**　用主刻刀刻出蝴蝶的腹节。如图 5-4-5 所示。

❺ **雕刻翅膀**　另取一块心里美萝卜雕刻出蝴蝶的翅膀。如图 5-4-6、图 5-4-7 所示。

❻ **粘接翅膀**　将刻好的两对翅膀用 502 胶水粘接在身体上。如图 5-4-8 所示。

❼ **雕刻步足**　另取一块青萝卜雕刻出蝴蝶的步足，并用 502 胶水粘接在蝴蝶腹部。如图 5-4-9 所示。

❽ **粘接触须**　取一根牙签用手撕出两根细丝，作为蝴蝶的触须，镶嵌在蝴蝶头部。如图 5-4-10 所示。

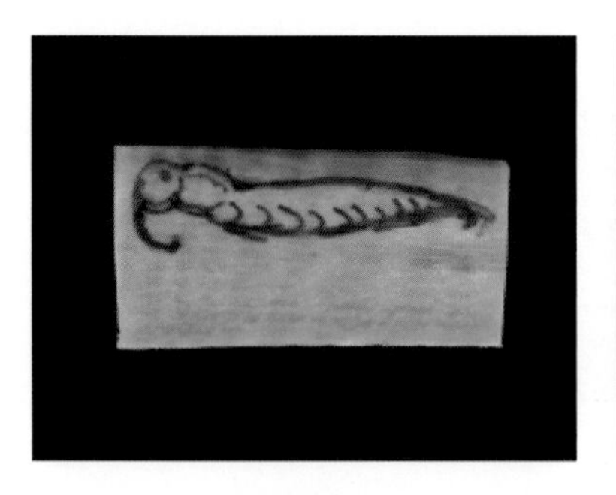

图 5-4-2

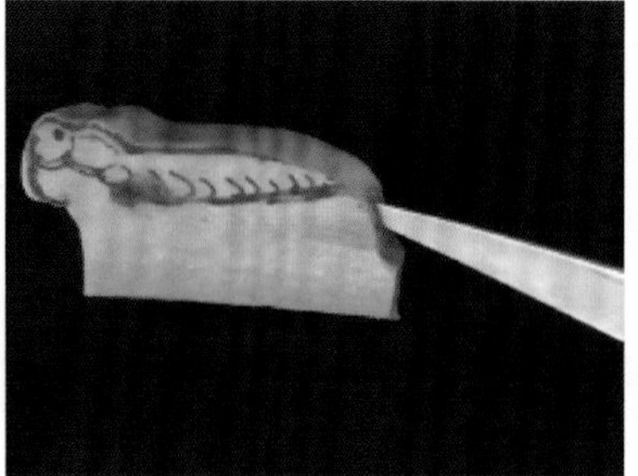

图 5-4-3

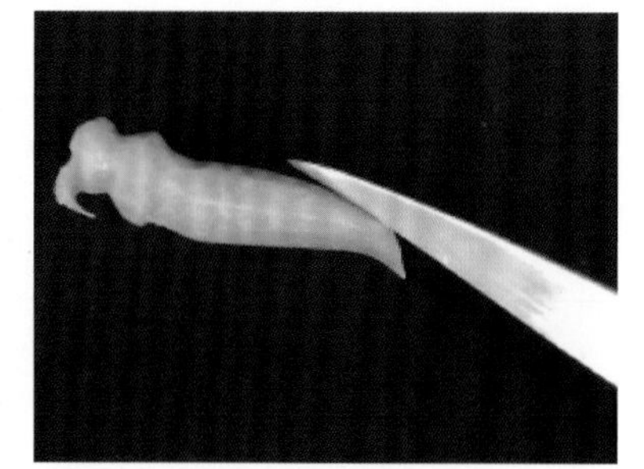

图 5-4-4

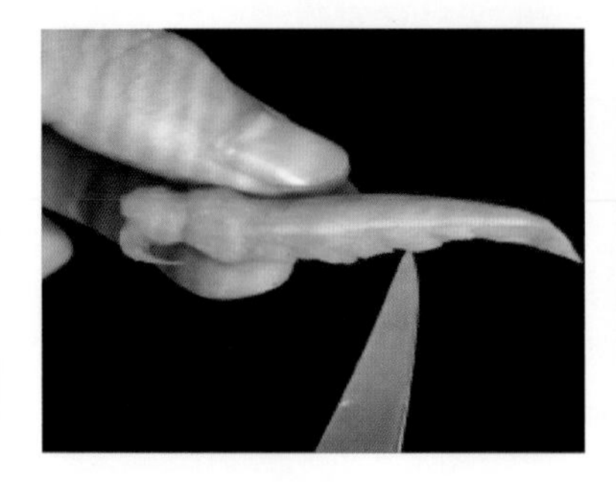

图 5-4-5

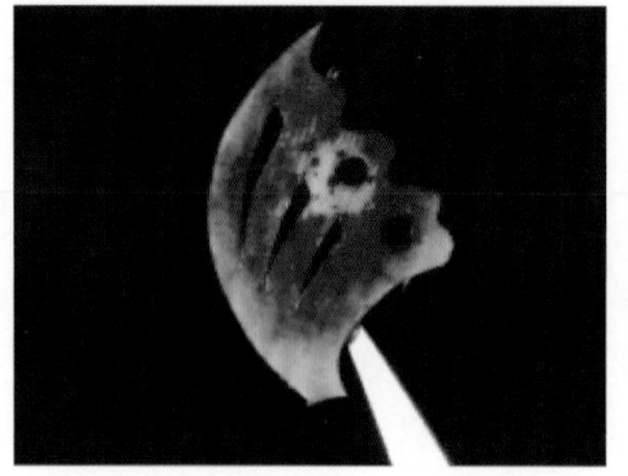

图 5-4-6

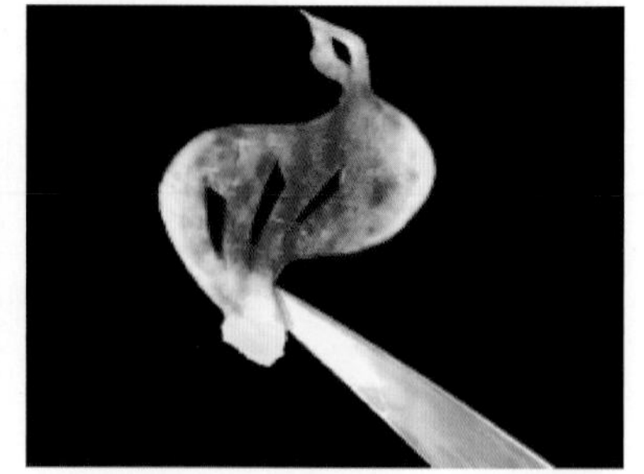

图 5-4-7

## 四、技术要领

1. 雕刻刀法要熟练，要求成品边缘光滑，大小适中。
2. 掌握好蝴蝶整体的对称性，整体形象生动。

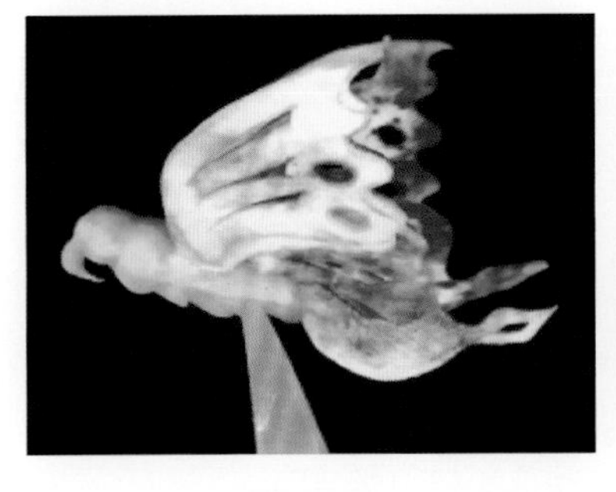

图 5-4-8

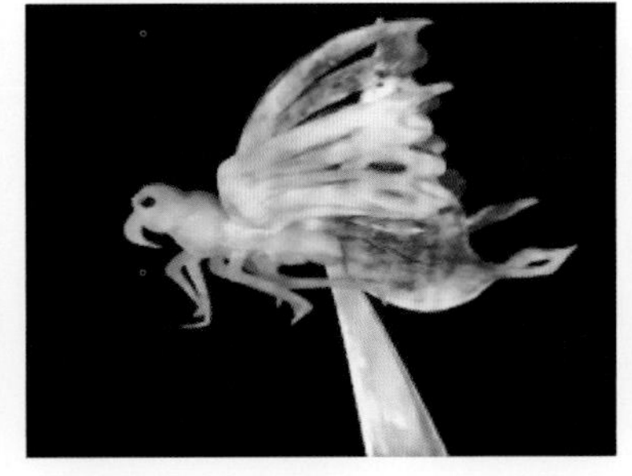

图 5-4-9

图 5-4-10

3. 蝴蝶头部、胸部、腹部、尾部等各部位的比例要合适。

4. 在粘接蝴蝶翅膀和步足时，注意胶水不要外漏，以免影响美观。

### 知识拓展

运用蝴蝶的雕刻手法，以蝴蝶为主要表现形式，可以制作哪些作品（参考图 5-4-11，图 5-4-12）？

图 5-4-11

图 5-4-12

### 思考与练习

扫码看答案

1. 蝴蝶的翅膀有哪些特点？

2. 结合本任务所学知识，制作一款以蝴蝶为主题的盘饰。

## 任务五　螳螂

### 任务描述

在食品雕刻中，螳螂是基础教学品种之一，一般选用心里美萝卜、南瓜、胡萝卜等原料，运用直刀刻、戳刀刻等技法，完成螳螂造型的雕刻。螳螂在食品雕刻中多与一些其他雕刻作品组合在一起，作为配角使用，能使整个雕刻作品更加有意蕴。

## 任务目标

1. 了解螳螂的相关知识，掌握螳螂的雕刻要领。
2. 能够运用雕刻技法，雕刻精致、形象的螳螂。
3. 在完成螳螂雕刻制作任务中，养成认真、细致、耐心的良好习惯。

## 知识准备

螳螂(图 5-5-1)，又称刀螂，是一种中大型昆虫。头呈三角形且活动自如，复眼突出，大而明亮，触角细长，颈部可自由转动。前足腿节和胫节有利刺，胫节呈镰刀状，常向腿节折叠；前翅皮质，为覆翅；后翅膜质；腹部肥大。螳螂的身体外表颜色有绿色、褐色等之分，生长环境也不相同，绿色的螳螂大多生活在绿色树木或植物上，捕食一些小昆虫之类。

图 5-5-1

## 任务实施

### 一、原料准备

心里美萝卜、青萝卜。

### 二、工具准备

切刀，砧板，主刻刀，U 型戳刀，牙签，502 胶水。

### 三、制作过程

制作视频-螳螂 1

制作视频-螳螂 2

❶ **雕刻头部大形** 用切刀切取一块青萝卜，然后用 U 型戳刀戳出螳螂的头部大形，再用主刻刀去除边缘废料。如图 5-5-2 所示。

❷ **细刻头部** 用主刻刀细刻出螳螂的眼部和嘴部。如图 5-5-3 所示。

❸ **雕刻颈部** 另取一块心里美萝卜，雕刻出螳螂的颈部并与头部粘接在一起。如图 5-5-4 所示。

❹ **雕刻腹部** 取一块心里美萝卜粘接在螳螂颈部下端，然后用主刻刀刻出螳螂腹部，再用 V 型戳刀戳出腹节。如图 5-5-5、图 5-5-6 和图 5-5-7 所示。

❺ **雕刻翅膀、前足** 取一块青萝卜雕刻出螳螂的前足和翅膀，用 502 胶水粘接在螳螂身体相应位置上。如图 5-5-8、图 5-5-9 和图 5-5-10 所示。

❻ **雕刻后足** 用青萝卜雕刻出两对后足，再安装上用牙签做成的触须，螳螂雕刻完成。如图 5-5-11所示。

### 四、技术要领

1. 雕刻刀法要熟练，要求成品完整，各个部位边缘光滑、无毛边。
2. 注意螳螂形态的特征，保证各个部位比例协调、自然。
3. 雕刻螳螂腿足时可采用平刻的方式雕刻，并要求前足粗大有利刺。

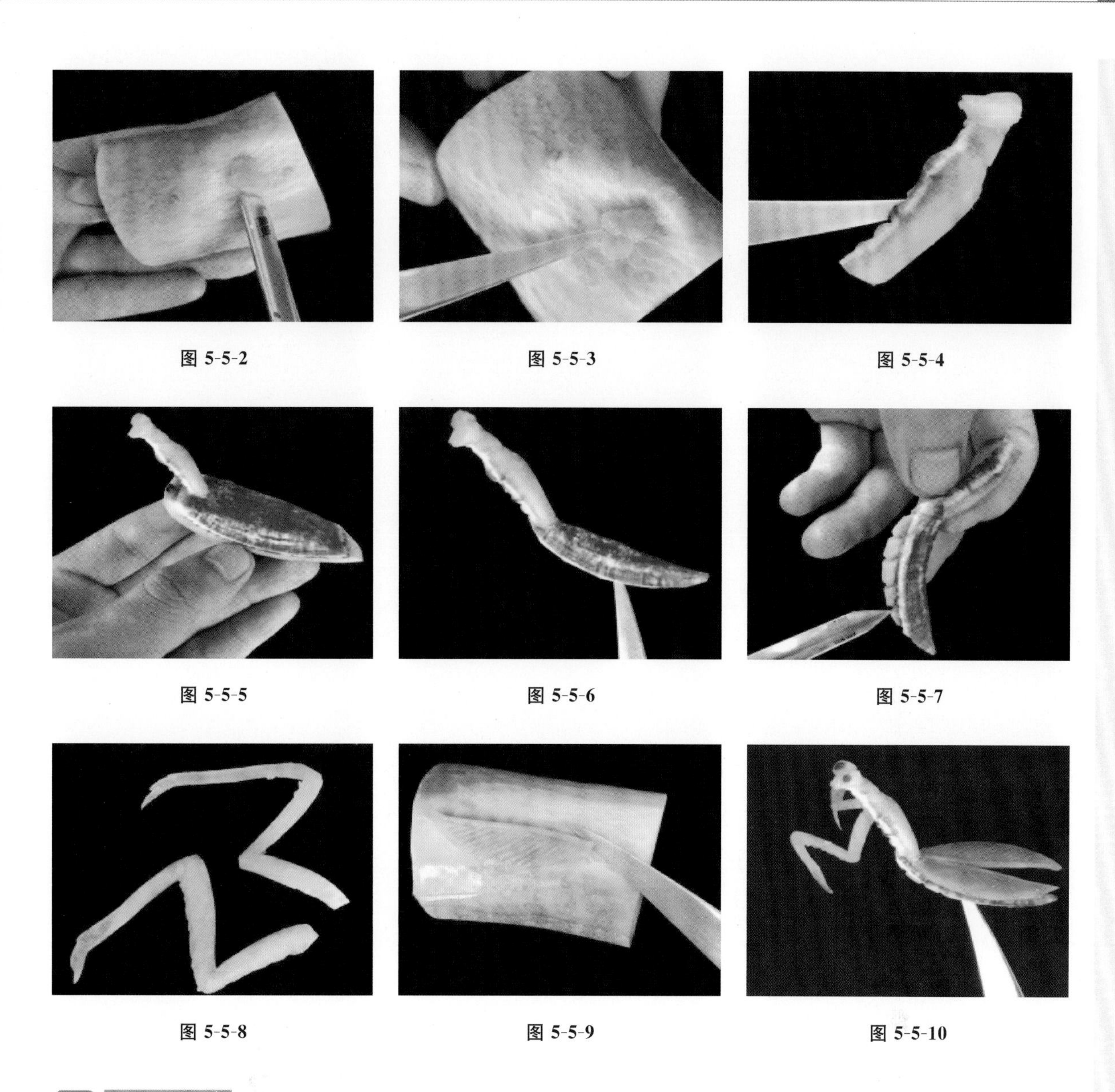

图 5-5-2　　图 5-5-3　　图 5-5-4

图 5-5-5　　图 5-5-6　　图 5-5-7

图 5-5-8　　图 5-5-9　　图 5-5-10

## 知识拓展

运用螳螂的雕刻手法，以螳螂为主要表现形式，可以制作哪些作品(参考图 5-5-12，图 5-5-13)？

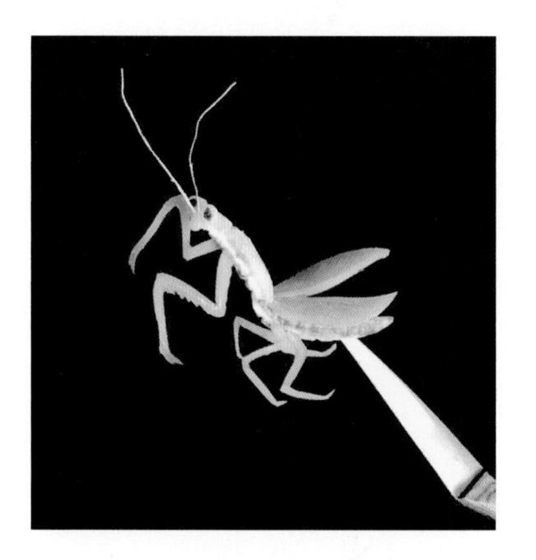

图 5-5-11

图 5-5-12

图 5-5-13

## 思考与练习

扫码看答案

1. 在雕刻螳螂时要注意哪些问题?
2. 结合本任务所学知识,制作一款以螳螂为主题的盘饰。

# 禽鸟篇

## 项目导学

禽鸟篇重点介绍鸟类各部位的分步雕刻。禽鸟类外形优美，而兽外形强劲，各式各样的形态受到人们的喜爱，同样给人以美的精神享受。禽鸟类是食品雕刻中的重要素材。禽鸟类雕刻是学习食品雕刻的高级阶段，也是食品雕刻中的重点。在熟练掌握食品雕刻的各种刀法和手法后，以禽鸟的形式表现出来，是比较好的选择。

## 项目目标

知识教学目标：通过本项目的学习，了解禽鸟类雕刻的部位及基础知识，掌握禽鸟类雕刻的操作步骤和操作要领。

能力培养目标：掌握食品雕刻中代表性禽鸟的雕刻方法和技巧。在掌握食品雕刻的制作和设计的基础上，逐步培养举一反三的能力，制作出各种形态的禽鸟类雕刻作品。

职业情感目标：让学生养成遵守规程、安全操作、整洁卫生的良好习惯，并正确认识食品雕刻的实用性，增强对本专业的情感认知。

## 任务一 鸟　头

### 任务描述

在鸟类食品雕刻中，鸟头是基础教学第一项，是必须掌握的雕刻任务之一。一般选用南瓜、胡萝卜、青萝卜等原料，运用直刀刻、拉刀刻等技法，完成鸟头造型的雕刻装饰。在鸟类整体雕刻当中有点睛之笔之功，是重要的一部分。

### 任务目标

1. 掌握原料南瓜、胡萝卜、青萝卜的选择及颜色搭配的方法。
2. 能够运用直刀刻、拉刀刻技法，雕刻出形态逼真的鸟头部分。
3. 感受局部与整体构图能力及色彩搭配能力的重要性。
4. 在完成鸟头雕刻制作任务中，养成认真、细致、耐心的良好习惯。

Note

知识准备

鸟的头部(图 6-1-1)根据种类的不同,其外部形状也各不相同,但鸟头的构造基本一致,包括嘴、眼睛、眼眉、耳等器官。鸟头一般为圆形或椭圆形。鸟类的头部是识别不同种类禽鸟的重要标志,是禽鸟的最大特征。

在学习禽鸟类食品雕刻中,要注意区分不同禽鸟的头、嘴特征。

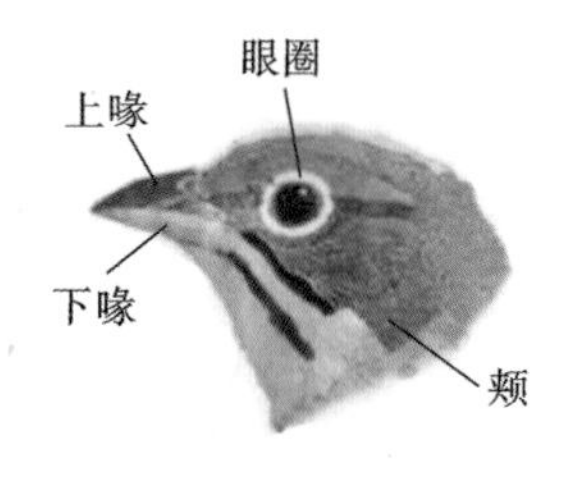


图 6-1-1

任务实施

### 一、原料准备

南瓜(或胡萝卜、青萝卜、白萝卜)。

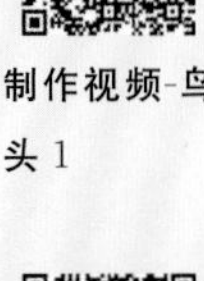

制作视频-鸟头1

制作视频-鸟头2

### 二、工具准备

切刀,砧板,主刻刀,拉刻刀,U 型戳刀,502 胶水等。

### 三、制作过程

❶ **定出额头** 取一块厚实部分南瓜并去掉外皮,用主刻刀沿着图片上白色线条将前端修尖(图 6-1-2),然后再根据图片上白色线条位置(图 6-1-3)上下各去一刀,定出额头(图 6-1-4)。

❷ **定出嘴部轮廓** 用主刻刀在鸟嘴嘴尖部位斜下一刀(图 6-1-5),再用圆形拉刻刀定出嘴角轮廓(图 6-1-6),之后用小号 U 型戳刀沿着图片上白色线条定出嘴部轮廓(图 6-1-7)。

❸ **定出眉骨弧度** 用小号 U 型戳刀沿着白线定出眉骨弧度(图 6-1-8),再用大号 U 型戳刀去除额头背部废料(图 6-1-9)。

❹ **雕刻眼球、鸟嘴** 用小号 U 型戳刀定出眼睛位置,再去除眼睛前后废料,用主刻刀定出眼睛的眼皮,然后用主刻刀走回刀雕刻出鸟嘴的线条,再用主刻刀雕刻出鸟的鼻孔(图 6-1-10、图 6-1-11)。

❺ **雕刻鸟身绒毛** 用圆形拉刻刀顺着图片上白色线条划出鸟身绒毛轮廓(图 6-1-12),再用 V 型拉刻刀划出绒毛(图 6-1-13)。

❻ **打磨完成** 用 600 目的砂纸将雕刻好的鸟头打磨光滑(图 6-1-14),再用小号掏刀掏出眼睛(图 6-1-15),装上仿真眼,作品完成(图 6-1-16)。

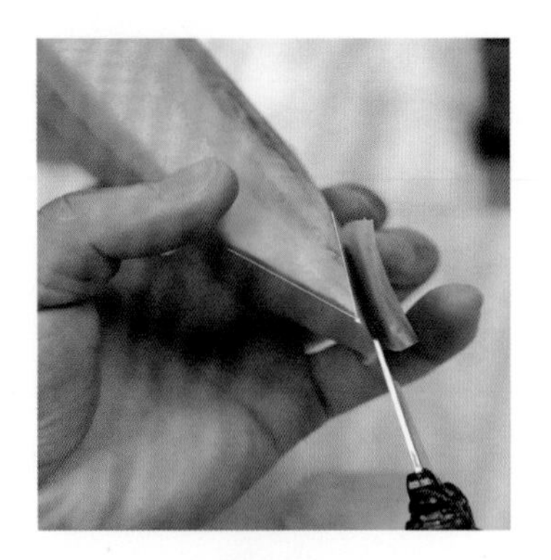

图 6-1-2

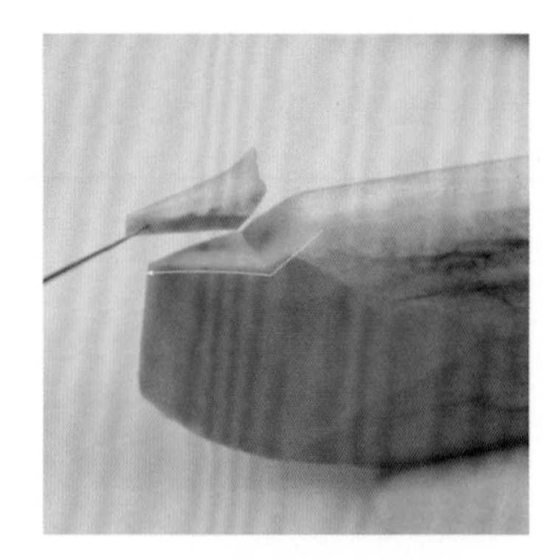

图 6-1-3

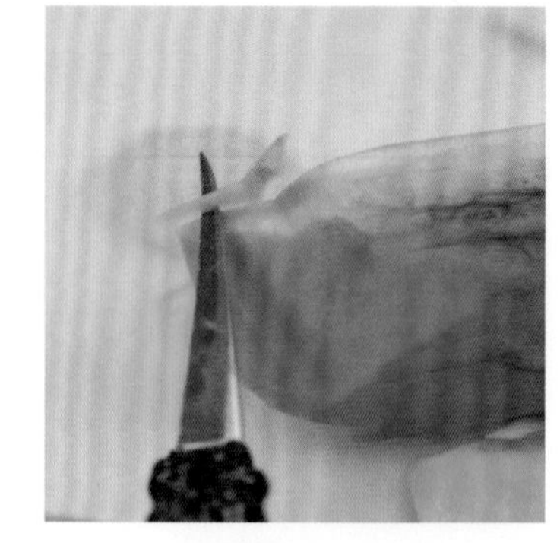

图 6-1-4

### 四、技术要领

1. 雕刻刀法要熟练,成品边缘光滑、无毛边,鸟头轮廓呈流线型。

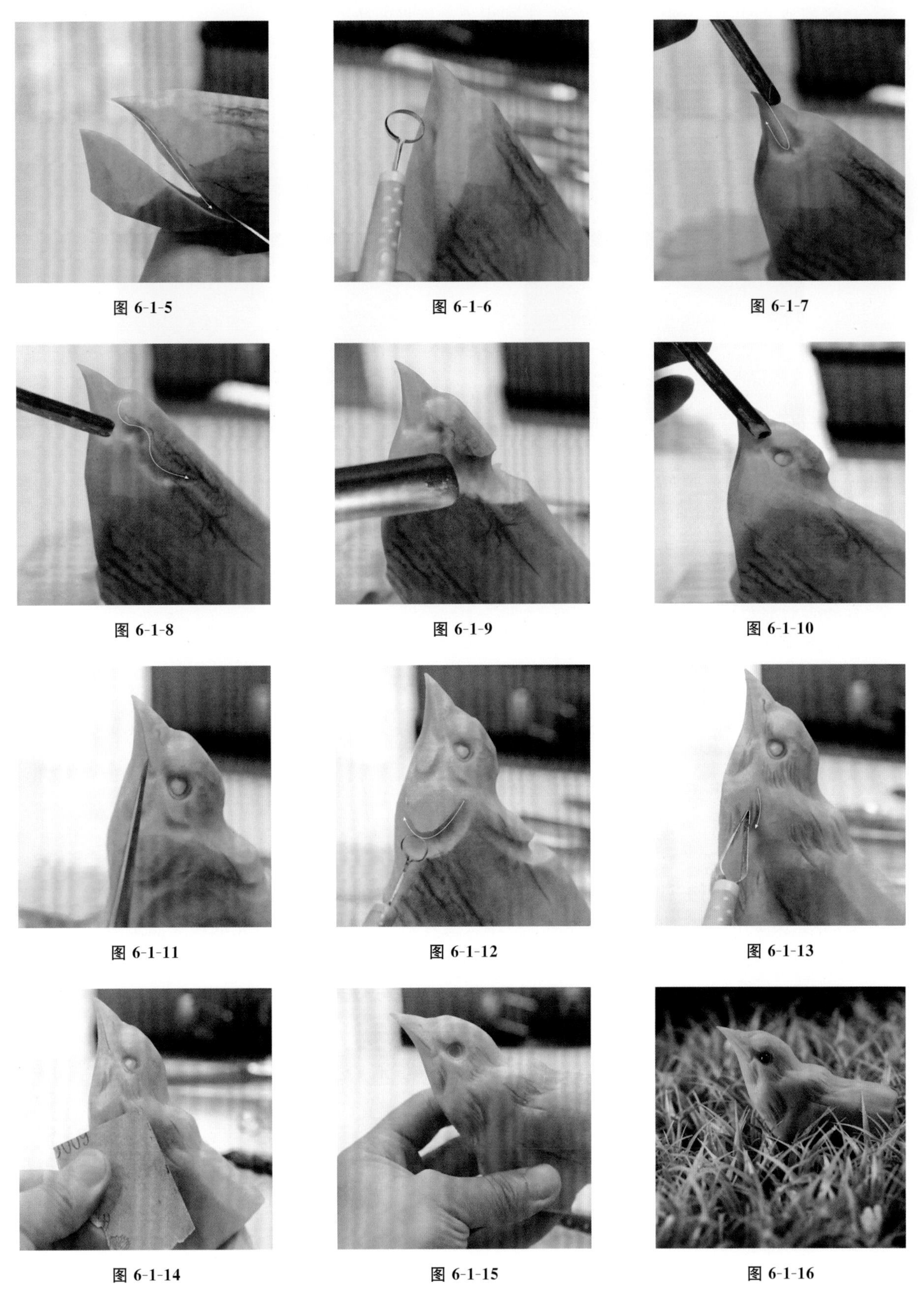

图 6-1-5　图 6-1-6　图 6-1-7

图 6-1-8　图 6-1-9　图 6-1-10

图 6-1-11　图 6-1-12　图 6-1-13

图 6-1-14　图 6-1-15　图 6-1-16

2. 掌握好鸟嘴张开的角度，呈现出灵动的状态。

3. 雕刻头部眼睛时，眼窝应凹陷以便安装仿真眼睛。

4. 雕刻羽毛时，善于观察，细致拉刻，表现出惟妙惟肖的效果。
5. 鸟头各部位协调，边缘要修圆润，达到自然状态。

## 知识拓展

以简单的鸟头雕刻为基础，可以雕刻制作不同品种和角度的鸟头，如喜鹊头部（图 6-1-17）和戴胜鸟头部（图 6-1-18）。

图 6-1-17

图 6-1-18

扫码看答案

## 思考与练习

1. 鸟头的形态特征有哪些？
2. 课下练习鸟头的雕刻手法。

# 任务二 鸟翅膀

## 任务描述

在禽鸟类食品雕刻中，鸟翅膀是基础教学第二项，是鸟类雕刻的重要任务之一。一般选用南瓜、胡萝卜、心里美萝卜、白萝卜等原料，运用直刀刻、戳刀刻、拉刀刻等技法，完成鸟翅膀造型的雕刻装饰。在鸟类整体雕刻中是重要部分，重点体现出鸟飞翔的姿势。

## 任务目标

1. 掌握原料南瓜、胡萝卜、心里美萝卜、白萝卜的选择及颜色搭配的方法。
2. 能够运用直刀刻、戳刀刻、拉刀刻技法，雕刻出形态逼真的鸟翅膀。
3. 感受局部与整体构图能力及色彩搭配能力的重要性。
4. 在完成鸟翅膀雕刻制作任务中，注意协调和比例，养成认真、细致、耐心的良好习惯。

## 知识准备

翅膀是鸟类飞行的器官。鸟的翅膀因种类不同翅膀也不相同，有细的，有宽的，有圆的，也有尖的，但大体的形状是四边形和三角形的结合体。

禽鸟的翅膀，一般由初级飞羽、次级飞羽、三级飞羽以及大覆羽、中覆羽、小覆羽和表面的肩羽构

成(图 6-2-1)。翅膀不用时可以收折在身体背面,鸟的翅膀上长有特殊排列的飞羽,当翅膀展开时,每根羽毛都略有旋转能力。所以两翅不断上下扇动,就会产生巨大的下压抵抗力,使鸟体快速向前飞行。

小覆羽
肩羽
中覆羽
大覆羽
三级飞羽
次级飞羽
小翼羽
初级覆羽
初级飞羽

图 6-2-1

**任务实施**

## 一、原料准备

南瓜(或胡萝卜、心里美萝卜、白萝卜)。

## 二、工具准备

切刀,砧板,主刻刀,U 型戳刀等。

## 三、制作过程

制作视频-鸟展翅

制作视频-鸟翅半展翅

❶ **定出大形**　首先用主刻刀开出翅膀的大形,在雕刻时注意翅膀边缘的线条要圆润(图 6-2-2)。

❷ **雕刻翅膀肩羽**　用主刻刀沿着翅膀的骨羽边缘依次做出肩羽,在雕刻时要注意肩羽的方向(图 6-2-3)。

❸ **雕刻初级覆羽**　用主刻刀依次刻出第一层小覆羽,规律是两片中间叠加一片,要注意层次感(图 6-2-4)。

❹ **雕刻大覆羽**　用主刻刀刻出第二层大覆羽,在雕刻时注意下刀不可过深,并注意每一条羽毛要长短分明(图 6-2-5)。

❺ **雕刻翅膀飞羽**　用 U 型戳刀戳出初级飞羽和次级飞羽(图 6-2-6、图 6-2-7),注意不要一刀戳到底,接近根部四分之一处顺时针旋转 90°,方便翅膀取料和卷曲。

❻ **取下修整**　用主刻刀去除底部戳刀的废料,取下雕好的翅膀,背部同样过渡好肩羽和覆羽(图 6-2-8)。

图 6-2-2

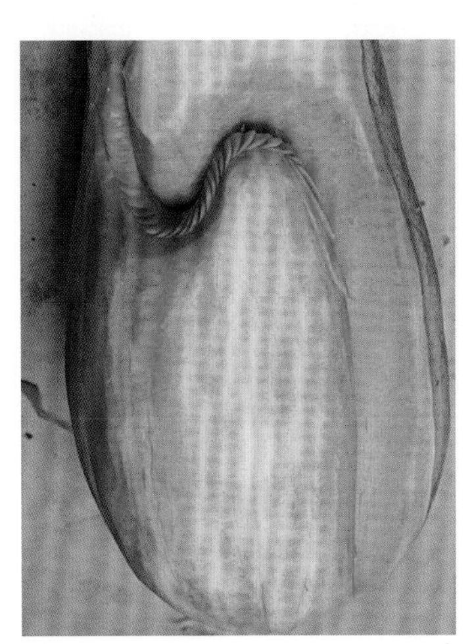

图 6-2-3

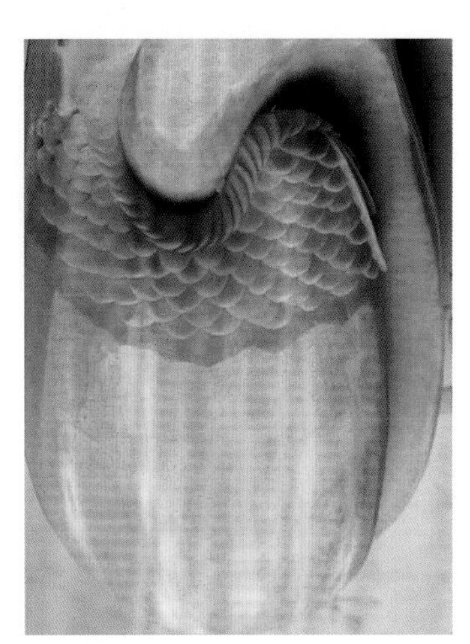

图 6-2-4

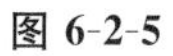

图 6-2-5

图 6-2-6

图 6-2-7

## 四、技术要领

1. 雕刻刀法要熟练，成品边缘光滑无毛边，鸟翅膀呈流线型。
2. 掌握好鸟翅膀张开的角度，呈现出飞翔的状态。
3. 雕刻羽毛时，善于观察，细致拉刻，表现出惟妙惟肖的效果。
4. 两只翅膀要协调，边缘要修圆润，达到自然状态。

图 6-2-8

### 知识拓展

以简单的鸟翅膀雕刻为基础，可以雕刻制作不同角度和品种鸟的翅膀。可参照图 6-2-9，图 6-2-10。

图 6-2-9

图 6-2-10

### 思考与练习

扫码看答案

1. 鸟翅膀的形态特征有哪些？
2. 课下练习鸟翅膀的雕刻手法。

# 任务三 鸟 爪

## 任务描述

在禽鸟类食品雕刻中，鸟爪是鸟类雕刻基础教学第三项，也是必须掌握的雕刻任务之一。一般选用南瓜、胡萝卜、心里美萝卜、白萝卜等原料，运用直刀刻、拉刀刻等技法，完成鸟爪造型的雕刻装饰。在鸟类整体雕刻当中起到确定支撑点，确定高度，体现鸟的灵巧和生动。

## 任务目标

1. 掌握原料南瓜、胡萝卜、心里美萝卜的选择及颜色搭配的方法。
2. 能够运用直刀刻、拉刀刻技法，雕刻出形态逼真的鸟爪。
3. 感受局部与整体构图能力及色彩搭配能力的重要性。
4. 在完成鸟爪雕刻制作任务中，注意协调和比例，养成认真、细致、耐心的良好习惯。

## 知识准备

鸟的腿生长在腹部下面，大部分不外露，部分鸟外露的脚其实是跗蹠(图 6-3-1)。跗蹠和爪的表面有鳞片状的角质硬皮，其排列因鸟的种类不同而有所不同。鸟爪一般有四个趾，大部分鸟的爪是前三后一。但攀禽鸟的爪则是前后各两趾。鸟爪的颜色也因其种类而不同，一般鸟爪的颜色和喙的颜色相同或相似。

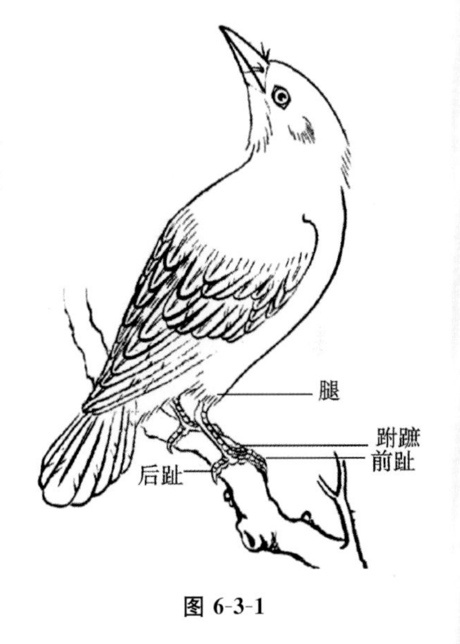


图 6-3-1

## 任务实施

### 一、原料准备

南瓜(或胡萝卜、心里美萝卜、白萝卜)。

### 二、工具准备

切刀，砧板，主刻刀，拉刻刀，U 型戳刀等。

### 三、制作过程

制作视频-鸟爪

❶ **定出鸟腿、鸟爪轮廓** 用主刻刀沿着白色线条去除废料定出大腿、小腿、爪趾位置(图 6-3-2、图 6-3-3)，再用主刻刀去除小腿两侧废料定出轮廓(图 6-3-4)。

❷ **定出前爪趾轮廓** 用 V 型拉刻刀定出前部的爪趾宽度(图 6-3-5)，再用小号 U 型戳刀戳出小腿的骨骼纹理(图 6-3-6)。

❸ **雕刻前爪趾和小腿鳞甲** 用 V 型拉刻刀首先沿着白色线条刻出爪趾上的鳞甲，再刻出小腿上的鳞甲(图 6-3-7)。

❹ **刻出小腿、定出后爪趾轮廓** 用主刻刀沿着白色线条刻出小腿(图 6-3-8)，再用圆形拉刻刀

定出后爪趾轮廓(图 6-3-9)。

**❺ 雕刻肉垫、作品完成** 用主刻刀雕刻出爪趾的肉垫,将废料取出(图 6-3-10),稍做修整,作品完成(图 6-3-11)。

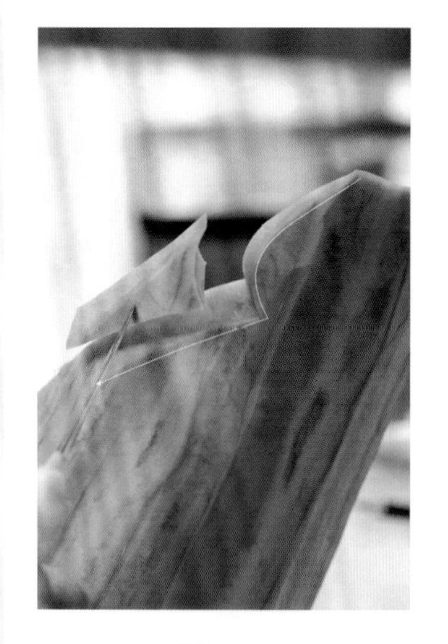

图 6-3-2

图 6-3-3

图 6-3-4

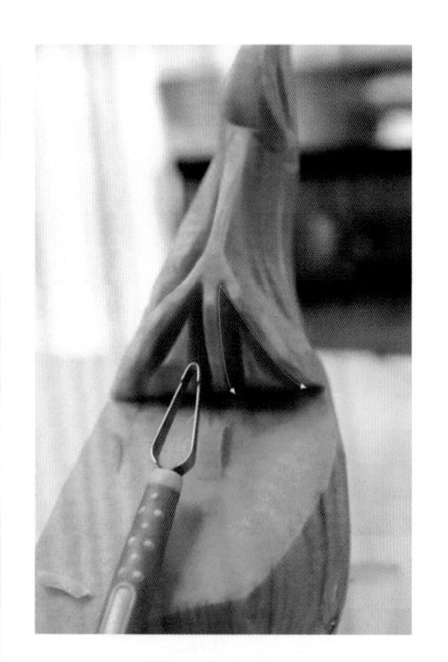

图 6-3-5

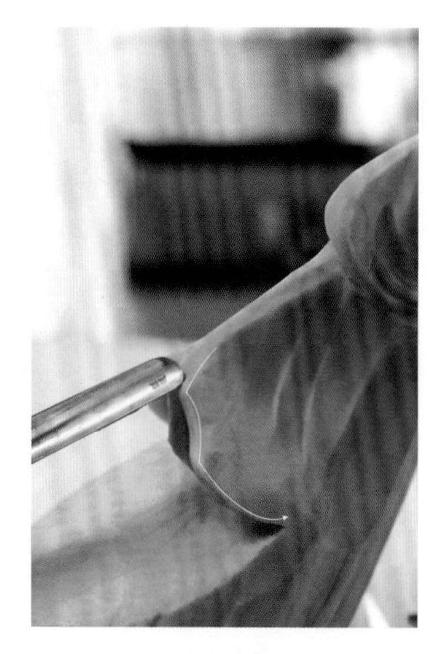

图 6-3-6

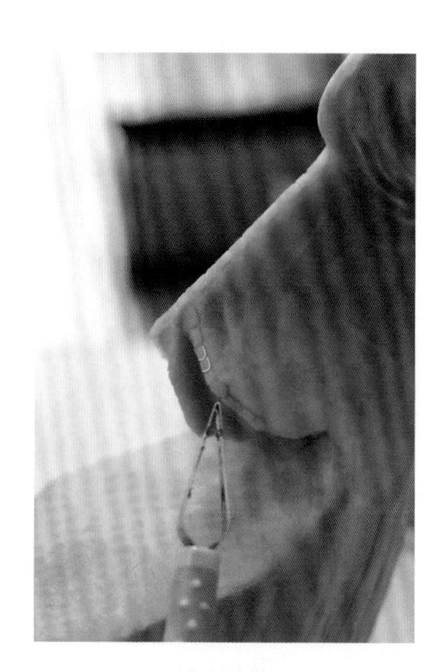

图 6-3-7

## 四、技术要领

1. 雕刻时要仔细并特别认真,鸟爪成品要纤细,要体现出力量感。
2. 掌握好鸟爪关节的弯曲角度,呈现出灵巧的状态。
3. 雕刻趾尖时,可从趾尖前端下刀,一刀完成。
4. 善于观察,细致拉刻,使作品惟妙惟肖。
5. 安装鸟爪时选好角度,达到自然状态。

图 6-3-8

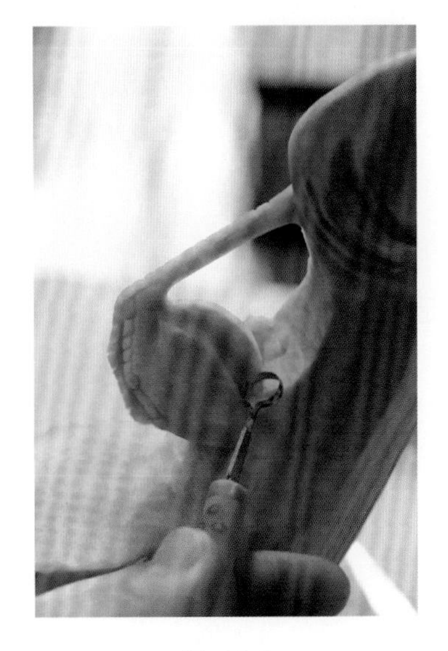

图 6-3-9

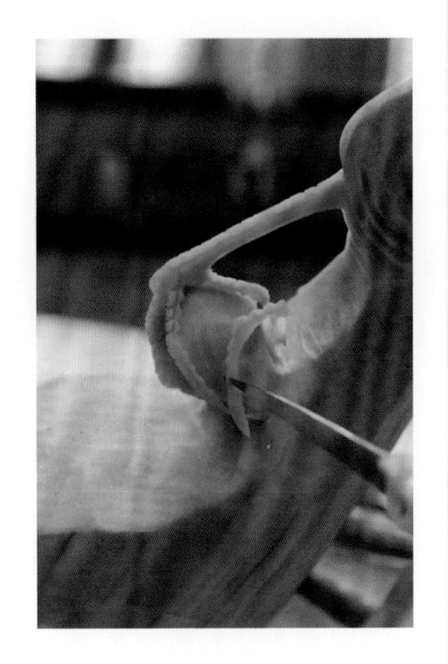

图 6-3-10

## 知识拓展

以简单的鸟爪雕刻为基础，可以雕刻制作不同鸟类的足趾和足蹼。参照图 6-3-12、图 6-3-13。

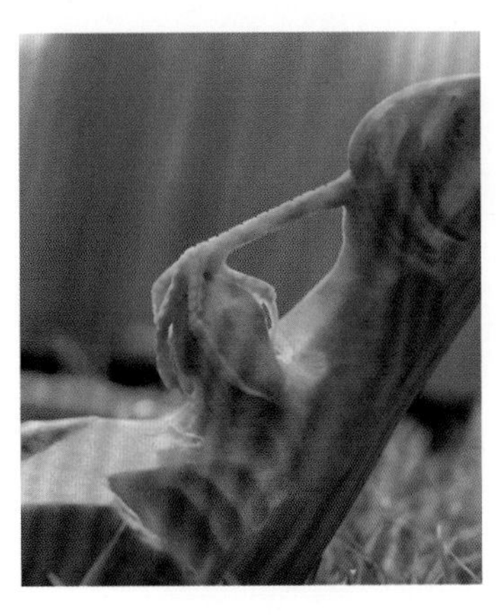

图 6-3-11

图 6-3-12

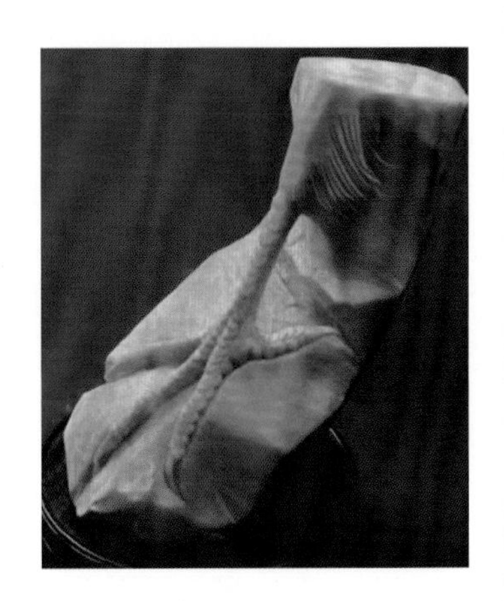

图 6-3-13

## 思考与练习

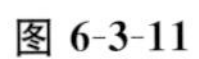

1. 鸟爪的形态特征有哪些？
2. 课下练习鸟爪的雕刻手法。

扫码看答案

# 任务四 相 思 鸟

## 任务描述

在禽鸟类食品雕刻中，相思鸟是禽鸟类雕刻基础教学中的重要任务之一。雕刻相思鸟一般选用南瓜、胡萝卜、心里美萝卜、白萝卜等原料，运用直刀刻、戳刀刻、拉刀刻等技法，完成相思鸟造型的雕刻装饰。相思鸟雕刻是禽鸟类雕刻中的基础，学好相思鸟的雕刻技法，能够为以后学习其他禽鸟类的雕刻打下坚实基础。

## 任务目标

1. 掌握原料胡萝卜、南瓜等的选择及颜色搭配的方法。
2. 能够运用直刀刻、戳刀刻、拉刀刻技法，雕刻出完整、形态逼真的相思鸟。
3. 锻炼局部雕刻、组装及整体构图能力及色彩搭配能力。
4. 在完成相思鸟雕刻制作任务中，注意协调和比例，回顾、增强练习鸟各部位的雕刻。

## 知识准备

相思鸟（图 6-4-1），体型小，体长 10.5～16 厘米；嘴形粗健，长度约为头长的一半；鼻孔裸露。两性大体相似。相思鸟分为两种，即银耳相思鸟和红嘴相思鸟。银耳相思鸟头顶黑色，耳羽银灰色，嘴黄色，上嘴基部和嘴角褐色。红嘴相思鸟嘴呈鲜艳的红色，上体从头至尾上覆羽为暗灰绿色，颏黄色、胸部橙黄色、腹部淡白色、尾下覆羽浅黄色。其性活泼，羽色华丽，鸣声婉转动听，较珍贵。

图 6-4-1

## 任务实施

### 一、原料准备

胡萝卜、南瓜。

### 二、工具准备

切刀，砧板，主刻刀，U 型戳刀，拉刻刀，水溶性铅笔。

### 三、制作过程

制作视频-相思鸟

❶ **修整坯形** 将胡萝卜从三分之一处斜切开，取胶水将两段胡萝卜黏合在一起（图 6-4-2）。

❷ **刻相思鸟头部** 用主刻刀从头顶部下刀，左右各一刀以确定头部大小（图 6-4-3）。用主刻刀刻出鸟嘴，然后用拉刻刀拉刻出颈部羽毛（图 6-4-4）。

❸ **确定翅膀轮廓、粘贴腿部料** 用拉刻刀拉刻出两只翅膀，分布在身体两侧略上位置（图 6-4-5）；在翅膀下分别粘贴腿部原料，以备雕刻腿部羽毛（图 6-4-6）。

❹ **刻出翅膀羽毛、腿部羽毛** 用拉刻刀拉一层细小羽毛，去一层料接着用主刻刀刻肩羽

Note

(图 6-4-7)；再刻一层覆羽(图 6-4-8)，在覆羽外刻一层飞羽，飞羽较长，外缘半圆用 U 型戳刀戳出(图 6-4-9)。腿部先刻两层类似肩羽羽毛，再用拉刻刀在边缘拉一层细小羽毛。用同样方法刻出两边翅膀、腿部羽毛(图 6-4-10)。

**⑤ 雕刻尾部羽毛**　取一片南瓜并去外皮，在表面用拉刻刀拉刻出尾部大体轮廓(图 6-4-11)；然后用主刻刀垂直划两刀以确定尾部一条尾羽，放平主刻刀在两边去料，再划出左右对称的尾羽，外缘半圆可用 U 型戳刀戳出。在尾羽上用拉刻刀拉刻出细纹(图 6-4-12)。

**⑥ 进行组装**　将尾羽黏合在尾部，用拉刻刀刻出尾上覆羽与尾下覆羽(图 6-4-13)。也可安装鸟爪。根据需要调整安装角度。

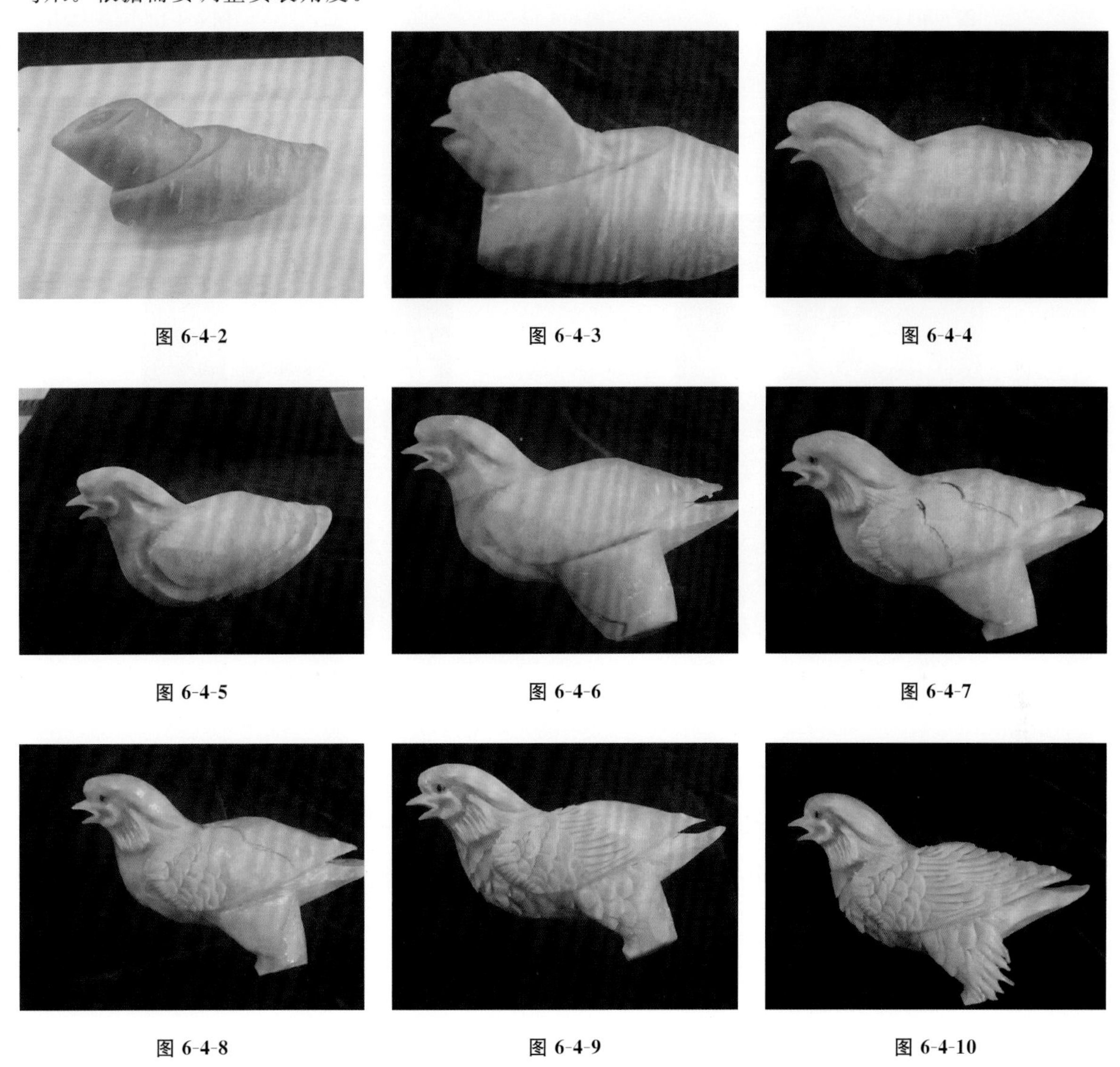

图 6-4-2　图 6-4-3　图 6-4-4

图 6-4-5　图 6-4-6　图 6-4-7

图 6-4-8　图 6-4-9　图 6-4-10

## 四、技术要领

1. 要勤练雕刻刀法才能达到熟练，成品边缘光滑。
2. 掌握好鸟颈部和鸟尾的角度，鸟身及鸟尾呈流线型。
3. 雕刻羽毛时，善于观察，细致拉刻，使其惟妙惟肖。
4. 身体体两侧翅膀、腿部要对称、协调，达到自然状态。

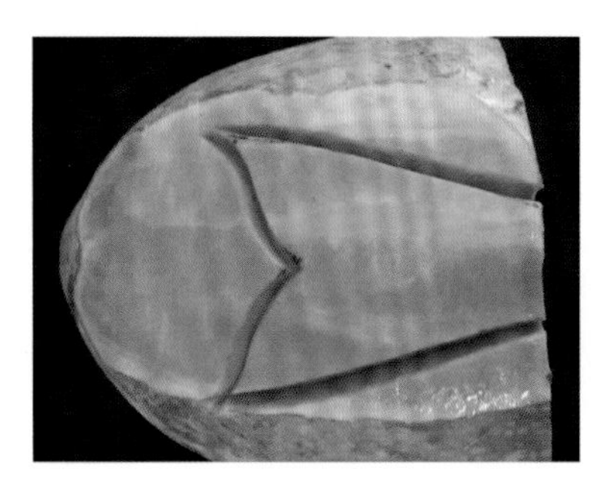

图 6-4-11

图 6-4-12

图 6-4-13

## 知识拓展

以教学的相思鸟雕刻为基础，雕刻制作不同形态的相思鸟。参照图 6-4-14，图 6-4-15。

图 6-4-14

图 6-4-15

扫码看答案

## 思考与练习

1. 在雕刻相思鸟时要注意哪些操作要领？
2. 结合本任务所学知识，制作一款以相思鸟为主题的雕刻作品。

项目七

# 食品雕刻提高篇

## 项目导学

随着本教材学习内容的深入，雕刻难度也逐步加大。正如习近平总书记在党的二十大报告中提出："坚持发扬斗争精神""知难而进、迎难而上""全力战胜前进道路上各种困难和挑战"。本项目作为提高篇，主要学习难度较大的鸟兽类雕刻。鸟兽的雕刻在食品雕刻中占有举足轻重的地位，经常被运用到各种宴席当中，如"松鹤延年""孔雀迎宾""一马当先"等作品。

鸟兽类雕刻的原料一般选用体积较大、质地紧密的原料，如大芋头、南瓜、白萝卜等大型原料。鸟兽类雕刻与前面所学的花卉、鱼虫等比较而言，其结构造型更加复杂，雕刻的手法也会发生变化，常运用组合刀工技法进行雕刻。雕刻鸟兽类时，要突出它们的体型特征，还要突出瞬时动态特征，同时还要选取一个最佳的角度来反映该特征，必要时还可以运用夸张的手法以取得更佳的效果。

## 项目目标

知识教学目标：通过本项目的学习，了解部分鸟兽类雕刻的种类及基础知识，掌握鸟兽类雕刻的操作步骤和操作要领。

能力培养目标：能够根据不同鸟兽的生活环境和习惯，分析和认识动物的体型、活动姿态等，结合写实和夸张等手法雕刻出形象的鸟兽类动物。

职业情感目标：让学生养成遵守规程、安全操作、整洁卫生的良好习惯，并正确认识食品雕刻的实用性，增强对本专业的情感认知。

## 任务一 仙　鹤

### 任务描述

在禽鸟类雕刻中，仙鹤是鸟类雕刻提高篇的教学内容，是在熟练了简单鸟类雕刻后所要学习的任务之一。一般选用白萝卜、南瓜、胡萝卜等原料，运用直刀刻、戳刀刻、拉刀刻等技法，完成仙鹤部分造型的雕刻装饰。

### 任务目标

1. 掌握白萝卜、南瓜等原料的选择及颜色搭配的方法。

2. 能够运用直刀刻、戳刀刻、拉刀刻技法，雕刻出仙鹤各部位，然后组装成完整、形态逼真的整体。

3. 锻炼局部雕刻、组装及整体构图能力及色彩搭配能力。

4. 在完成仙鹤雕刻制作任务中，注意协调和比例，回顾增强并熟练各部分的雕刻。

## 知识准备

传说中的仙鹤，就是丹顶鹤(图 7-1-1)。

丹顶鹤性情高雅，形态美丽，素以喙、颈、腿“三长”著称，直立时可达一米多高，头小颈长，嘴长而直，脚细长，羽毛白色或灰色，群居或双栖，常在河边或海岸捕食鱼和昆虫，常见的有白鹤、灰鹤等。

丹顶鹤在中国的文化中占有很重要的地位，是长寿、吉祥和高雅的象征。

图 7-1-1

## 任务实施

### 一、原料准备

白萝卜、胡萝卜、心里美萝卜、南瓜等原料。

### 二、工具准备

切刀，砧板，主刻刀，U 型戳刀，拉刻刀，水溶性铅笔。

### 三、制作过程

制作视频-仙鹤

❶ **修整坯形** 取胡萝卜、白萝卜各一块做仙鹤的喙和头颈部(图 7-1-2)。

❷ **刻仙鹤头颈部** 用主刻刀在白萝卜一端中上部开口，将南瓜一端切至与开口吻合并进行黏合(图 7-1-3)。在上部画出头颈部曲线并沿线条刻出头颈部(图 7-1-4)。

❸ **刻仙鹤喙部** 先画喙部线条，用主刻刀以先上喙后下喙顺序刻出鸟嘴，注意应以一定角度微张(图 7-1-5)。取一根白萝卜斜切一面做仙鹤身体，将头颈部黏合在上面(图 7-1-6)。

❹ **刻仙鹤身体、腿部、尾部羽毛** 用主刻刀沿颈部线条向下走刀，刻出仙鹤背部轮廓，在尾部粘上一块三角料用 U 型戳刀戳出尾部(图 7-1-7)。腿部在仙鹤腹部后下方，用拉刻刀对称拉刻出腿部羽毛(图 7-1-8)。

❺ **刻底座并进行装饰** 取心里美萝卜去外皮，用 U 型戳刀戳成假山轮廓做底座，用冬瓜皮刻出水草、荷叶等装饰物。然后将仙鹤身体用竹签固定在假山底座上。分别用白萝卜刻出一对翅膀；用南瓜刻出仙鹤腿和爪。将各部进行组装，根据需要调整角度(图 7-1-9)。

### 四、技术要领

1. 雕刻仙鹤喙和头颈，突出优雅感觉，边缘光滑。

2. 掌握好仙鹤颈部弯曲的角度，与背部及尾部呈流线型。

3. 雕刻仙鹤翅膀，善于观察，注意角度，表现出展翅的感觉。

4. 仙鹤与点缀装饰物协调，突出仙鹤主体，达到自然状态。

Note

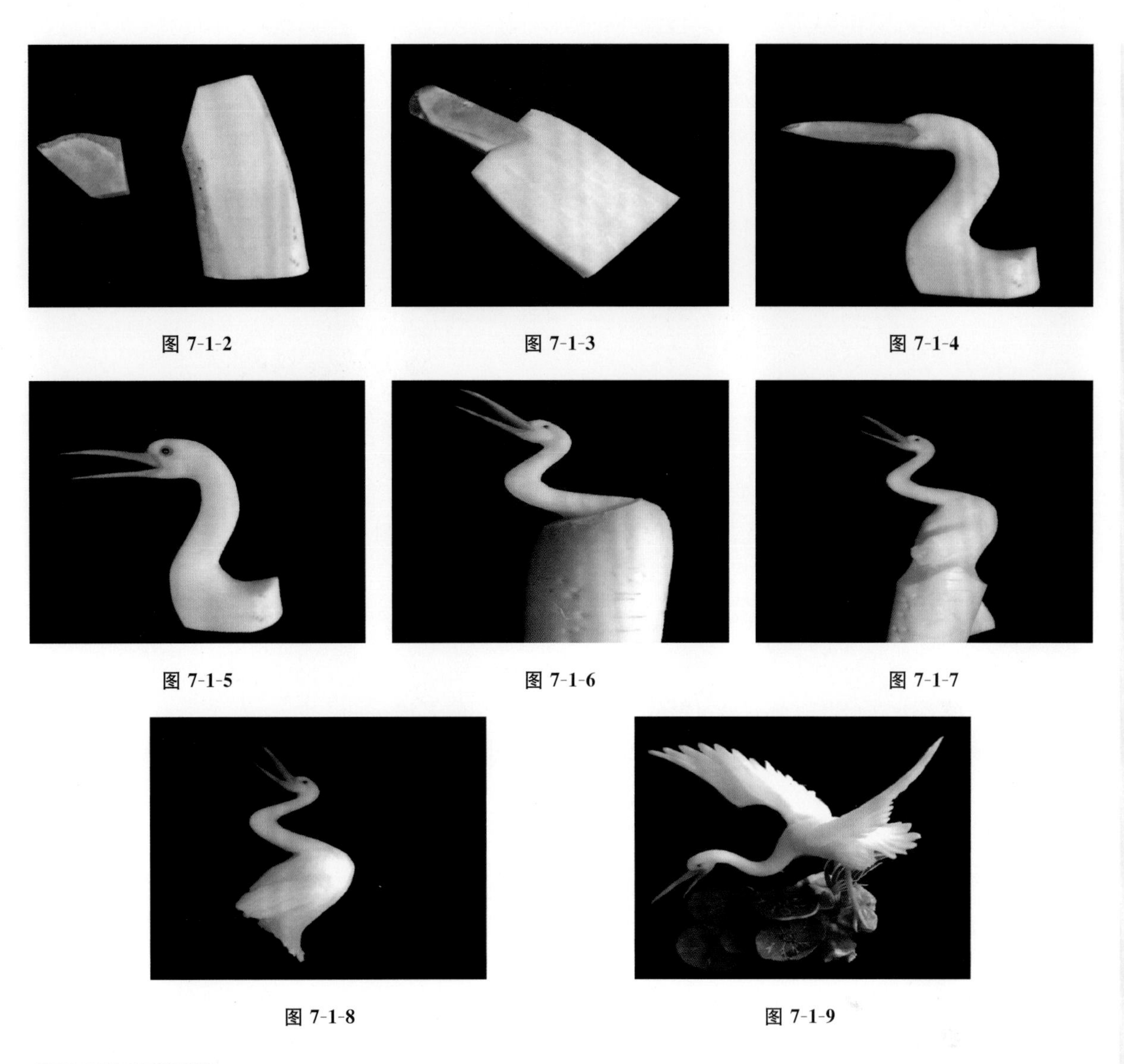

图 7-1-2　图 7-1-3　图 7-1-4

图 7-1-5　图 7-1-6　图 7-1-7

图 7-1-8　图 7-1-9

## 知识拓展

以教学的仙鹤雕刻为基础，雕刻制作不同形态的仙鹤。可参照图 7-1-10。

图 7-1-10

扫码看答案

### 思考与练习

1. 仙鹤的形态特征有哪些?
2. 结合本任务所学知识,制作一款以仙鹤为主题的组合雕刻。

## 任务二 孔　雀

### 任务描述

在禽鸟类食品雕刻中,孔雀是鸟类雕刻提高篇的教学,是在熟练了简单鸟类雕刻后所要学习的大型雕刻作品。一般选用白萝卜、南瓜、胡萝卜等原料,运用直刀刻、戳刀刻、拉刀刻等技法,完成孔雀各部分造型的雕刻装饰。

### 任务目标

1. 掌握白萝卜、南瓜、胡萝卜等原料的选择及颜色搭配的方法。
2. 能够运用直刀刻、戳刀刻、拉刀刻技法,雕刻出孔雀各部位,然后组装成完整、形态逼真的整体。
3. 锻炼局部雕刻、组装和整体构图能力及色彩搭配能力。
4. 在完成孔雀雕刻制作任务中,注意协调和比例,做到回顾增强并熟练鸟类各部分的雕刻。

### 知识准备

孔雀(图 7-2-1)因其能开屏而闻名于世。身体全长可达 2 米,其中尾屏约 1.5 米,为鸡形目体型最大者。其头顶翠绿,羽冠蓝绿而呈尖形;尾上覆羽特别长,形成尾屏,鲜艳美丽;真正的尾羽很短,呈黑褐色。雌鸟无尾屏,羽色暗褐而多杂斑。

孔雀被视为最美丽的观赏鸟,是吉祥、善良、美丽、华贵的象征。

图 7-2-1

### 任务实施

#### 一、原料准备

白萝卜、南瓜、胡萝卜等原料。

#### 二、工具准备

切刀,砧板,主刻刀,U 型戳刀,拉刻刀,水溶性铅笔。

#### 三、制作过程

**❶ 修整坯形**　取南瓜厚实部分一段,用主刻刀在平面处用水溶性铅笔画出孔雀头部、颈部轮廓

（图 7-2-2）。

❷ **刻孔雀头颈部**　用主刻刀在孔雀嘴部下刀去料，沿着嘴部画出头颈部曲线，刻出头颈部（图 7-2-3）。

❸ **细刻孔雀头颈部**　先用拉刻刀在孔雀嘴部、眼部及下颌处下刀拉刻凹槽（图 7-2-4）。细刻出鸟嘴，安装仿真眼，在下颌处戳出小孔进行修饰（图 7-2-5）。

❹ **刻孔雀身体轮廓**　取一个南瓜斜切一面做孔雀的身体，将头颈部黏合在上面并用主刻刀或 U 型戳刀刻出颈部羽毛。画出身体线条（图 7-2-6），去除多余料，呈现出身体大体轮廓（图 7-2-7）。

❺ **刻孔雀腿部、全身羽毛**　用主刻刀沿身体线条向下走刀，刻出孔雀腿部轮廓（图 7-2-8）。在腿部下方确定鸟爪并刻上羽毛状角质硬皮，用主刻刀或拉刻刀刻出身体全部羽毛，将下部剩余南瓜进行镂空做支撑底座（图 7-2-9）。

❻ **刻两只翅膀**　取两片南瓜刻出翅膀大形（图 7-2-10）。用主刻刀或拉刻刀分别刻出造型不同的一对翅膀（图 7-2-11、图 7-2-12）。

❼ **刻出点缀物品进行组装**　孔雀尾部羽毛：取南瓜厚片，先细刻出厚片，再切薄片即可，大体呈现长条状（尾部羽毛形状可根据自己构思雕刻，不做固定要求），点缀装饰于孔雀尾部。将冠羽、翅膀组装，调整底座并将点缀用的花朵、水草进行定位装饰（图 7-2-13）。

制作视频-孔雀头

制作视频-孔雀 2

制作视频-孔雀 3

制作视频-孔雀 4

制作视频-孔雀 5

制作视频-孔雀 6

制作视频-孔雀 7

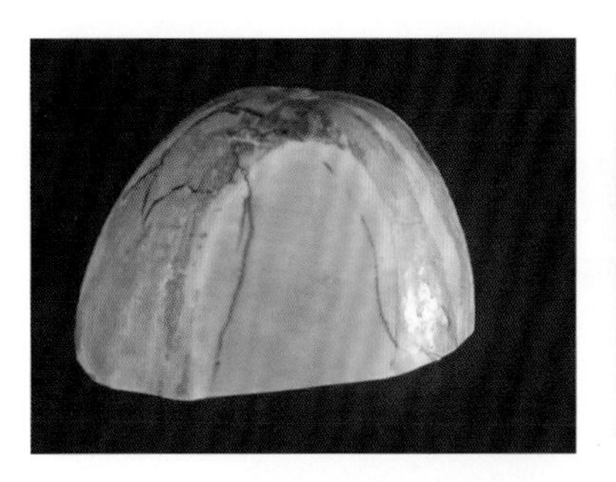

图 7-2-2

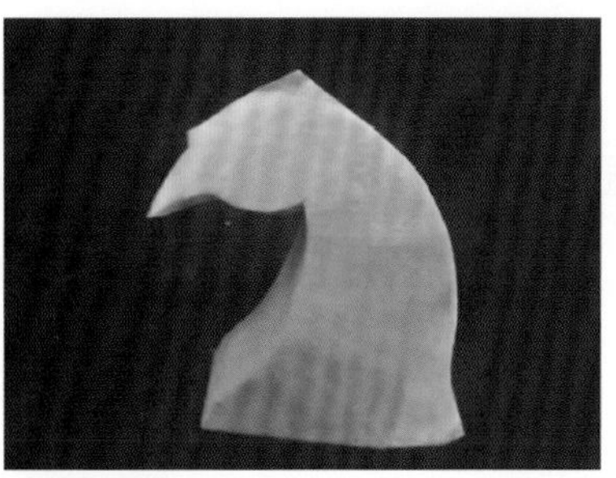

图 7-2-3

图 7-2-4

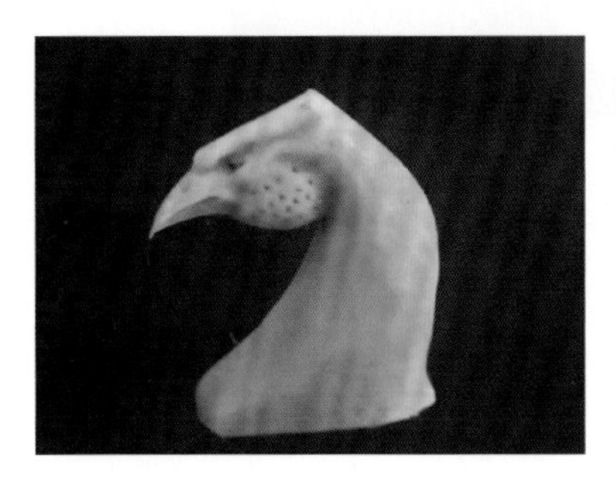

图 7-2-5

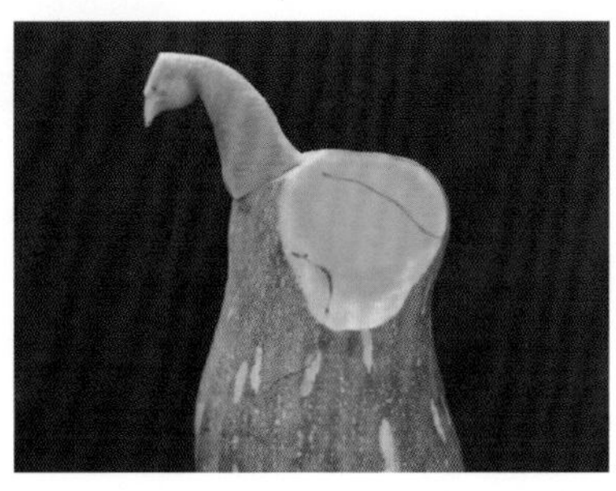

图 7-2-6

图 7-2-7

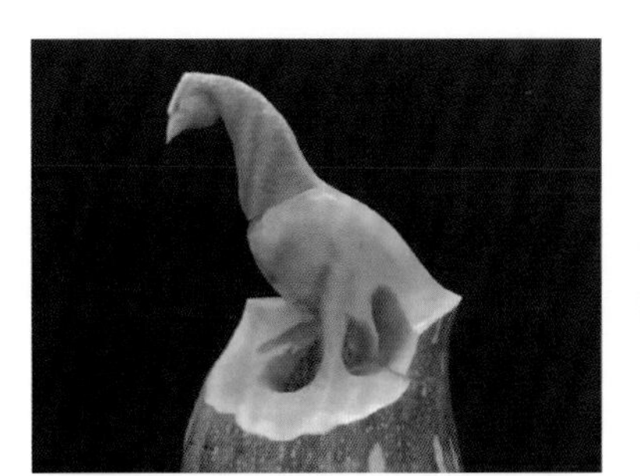

图 7-2-8

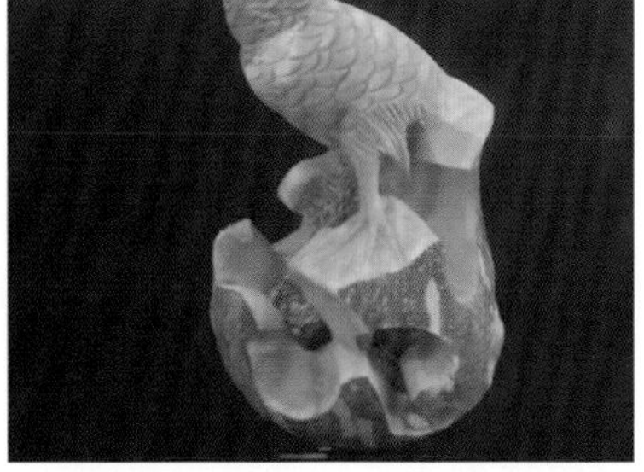

图 7-2-9

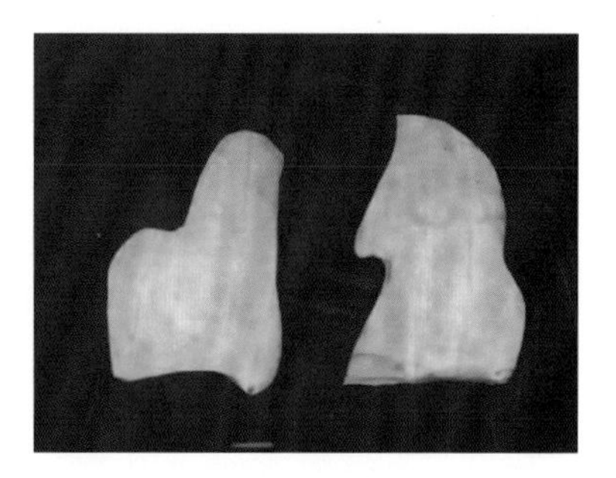

图 7-2-10

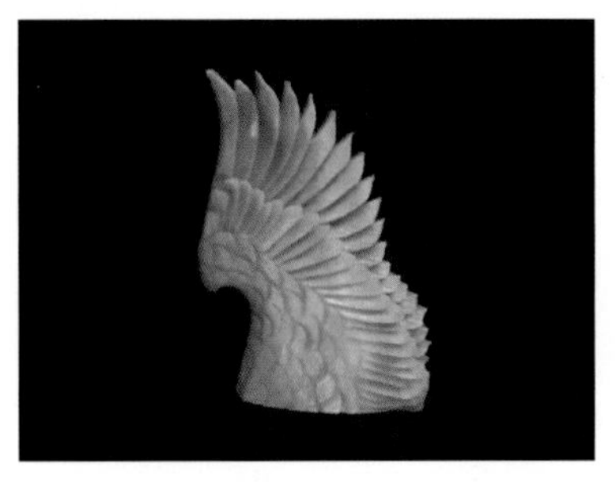

图 7-2-11

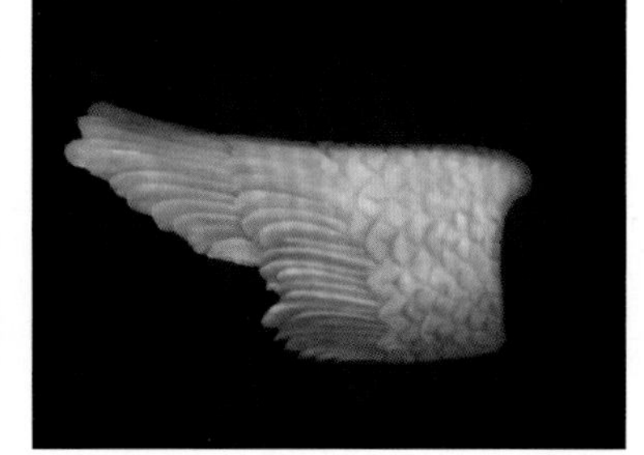

图 7-2-12

图 7-2-13

## 四、技术要领

1. 雕刻头部和颈部羽毛时，细致有层次，边缘要圆润。
2. 掌握好孔雀头部的朝向，呈观察花朵的姿势，与背部及尾部呈流线型。
3. 雕刻孔雀翅膀，左右两个一展翅一收起，注意角度，使其生动。
4. 孔雀与点缀装饰物协调，突出孔雀为主体，达到自然状态。

## 知识拓展

以教学的孔雀雕刻为基础，雕刻制作不同形态的孔雀造型作品。可参照图 7-2-14、图 7-2-15。

图 7-2-14

图 7-2-15

扫码看答案

## 思考与练习

1. 在雕刻孔雀时注意哪些操作要领？
2. 结合本任务所学孔雀的雕刻技法，雕刻出孔雀尾羽上翘的造型。

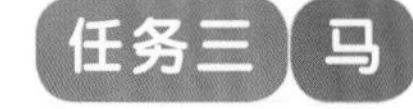

# 任务三 马

## 任务描述

在食品雕刻中，动物类的技法一通百通，我们在制作牛、羊、马、鹿等哺乳动物时，首先需要了解所做造型的骨骼、各部位比例和肌肉纹理的表达。而这些哺乳动物有太多的共通之处，在身体结构上，如前蹬腿、前弯腿、后蹬腿、后弯腿的造型表达上，都异曲同工。我们需要抓住不同动物的形态来雕刻，如头部等局部特征做好，就能做到整体的形似，从而能达到融会贯通，会做马就会做鹿，同样牛、羊也不在话下。

## 任务目标

1. 掌握各种原料的拼接原理及方法。
2. 能够熟练地运用各种工具来加快操作速度和更精细地表达我们的作品效果。
3. 能够思维发散,将平面的东西发散到立体上。
4. 了解任何立体的东西都是体块的表达。

## 知识准备

中国人自古喜欢马(图 7-3-1),也有很多关于马的成语,如一马当先、策马奔腾,但要做好马却没有那么简单,除了有好的基本雕工,还需要对马的动态和审美有一定的要求。比如具体到马的比例:我们一般制作马会以马头作为基准,比如脖子是马头长度的 1.5～2 倍(视动态而定,奔腾的马脖子会拉长),身体是脖子的 2 倍长,身体厚度和高度都是一个马头长,腿部形态表现为三节,也分别为一个马头长。了解基础比例后,需要不断练习才能达到好的效果,也需要多对比素材图才能不断提升自己的美感。

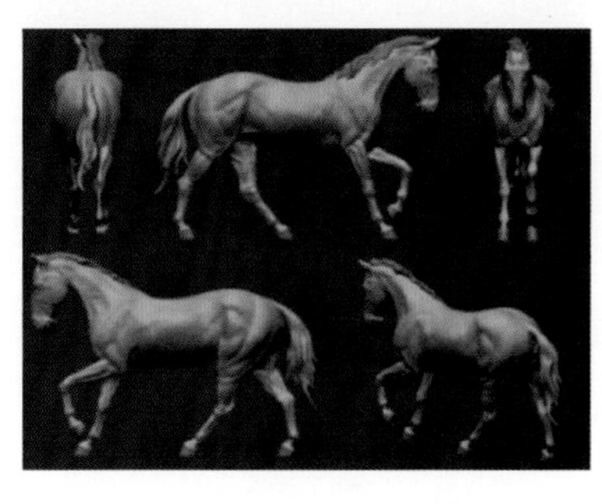

图 7-3-1

制作视频-马 1

制作视频-马 2

制作视频-马 3

制作视频-马 4

制作视频-马 5

制作视频-马 6

制作视频-马 7

## 任务实施

### 一、原料准备

南瓜、芋头、红萝卜等质地细腻的果蔬原料均可(制作时为防止芋头表面氧化,可用白醋加水刷在其表面)。

### 二、工具准备

周毅全套雕刻刀、502 胶水、8 号铁丝。

### 三、制作过程

❶ **雕刻马头大形**　先做马头,马头决定整匹马的大小,在芋头原料上定出头部和鬃毛的大体轮廓,粘接原料可以把马头、脖子、身体、腿部都想象成几何形体块(图 7-3-2)。

❷ **粘接身体**　用芋头粘接出身体,用 U 型戳刀开出前腿和后腿的大腿位置(图 7-3-3),分界的地方尽量不用主刻刀,以避免出现过多的死刀痕。

❸ **雕刻鬃毛**　用手刀雕刻出马鬃毛(图 7-3-4),要点是注意毛的起伏度,线条要是 S 形,不能出现折角的线条或者歪歪扭扭不顺畅的线条。

❹ **细刻身体肌肉**　用 U 型戳刀结合掏刀、划线刀在身体上刻出马身的肌肉(图 7-3-5),注意雕刻肌肉的操作是需要在每一个关节处以关节为基点出发向外拉出肌肉纹理,而不是随意一个位置去雕刻肌肉,这样会没有连接。

❺ **细刻鬃毛、血管**　用主刻刀结合划线刀雕刻出马鬃的细线纹理,注意线条的流畅,用小号掏刀刻马身上的血管(图 7-3-6)。

❻ **雕刻四肢**　接出四肢,并用掏刀和 U 型戳刀刻出四肢的肌肉和血管,并且切下左后脚埋入支架铁丝,以支撑马的整个重量(图 7-3-7)。

❼ **雕刻尾部、组装**　最后雕刻出马尾,粘接在马后腚上,作品完成(图 7-3-8)。

图 7-3-2　　图 7-3-3　　图 7-3-4

图 7-3-5　　图 7-3-6　　图 7-3-7

## 四、技术要领

1. 雕刻过程中尽量少用主刻刀去雕刻关节的位置，主刻刀雕刻出来太死板，会有很多刀痕。

2. 雕刻马除了最基本的比例，还需要深入地了解表面的大块肌肉纹理，我们在制作的时候，肌肉的线条表达不是随意的，而是根据关节位置变化来改变肌肉纹理的位置。

3. 鬃毛是表现整匹马飘逸感的最主要形态，在制作鬃毛的时候线条一定要朝一个方向走，并且S形的线条要有大S形、小S形结合，一定要流畅。

## 知识拓展

以马为主题，可以制作出不同的马组合雕刻。可参照图 7-3-9、图 7-3-10。

图 7-3-8

图 7-3-9

图 7-3-10

扫码看答案

## 思考与练习

1. 马的形态特征有哪些？在雕刻马时注意哪些操作要领？

2. 课下练习马的雕刻技法。

Note

# 任务四 龙

## 任务描述

龙在中国自古就有着崇高的象征意义，因为其象征着一种精神，是一个民族的图腾，意义非凡。而制作龙有什么诀窍呢？除了必要的基本雕工，就是形态和细节的把握，龙身似蛇，制作时要注意身体的卷曲度，由粗缓慢地变细，龙头做窄是行龙，龙头做宽是坐龙。龙爪似飞禽，指尖回钩让其苍劲有力。

## 任务目标

1. 掌握各种原料的拼接原理及方法。
2. 能够熟练地运用各种工具来加快操作速度和精细表达我们的作品效果。
3. 了解龙身的卷曲度造型是如何表达的。
4. 了解如何找到龙身的支架支撑平衡点。

## 知识准备

中国人自古喜欢龙（图 7-4-1），也有很多关于龙的成语，如飞龙在天，望子成龙。制作的要点除了每一处细节的把控，比如毛发的 S 形线条，龙鳞的规矩有序，龙爪的指尖回扣这些细节以外，其核心的动态是在龙身的卷曲度上，做到龙身弯曲顺畅，是第一眼直观地感受造型是否活灵活现的最主要的因素。

图 7-4-1

## 任务实施

### 一、原料准备

南瓜、芋头、红萝卜等质地细腻的果蔬均可（白萝卜不易表现细节，不推荐，芋头制作时为防止表面氧化，可用白醋加水刷在其表面）。

### 二、工具准备

周毅全套雕刻刀、502 胶水、8 号铁丝等。

### 三、制作过程

1. 用胡萝卜接出龙身体的大形，身体的雕刻要领就是要圆润（图 7-4-2）。
2. 用戳刀戳出背脊两侧废料，突出背脊（图 7-4-3）。
3. 用宽 V 型划线刀定出肚皮的宽度（图 7-4-4）。
4. 基础龙身大形：注意肚皮宽度是随着龙身逐步变窄的（图 7-4-5）。
5. 刻出龙肚的鳞纹，注意形状（图 7-4-6）。

制作视频-龙壁 1

制作视频-龙壁 2

制作视频-龙壁 3

制作视频-龙壁 4

制作视频-龙壁 5

制作视频-龙壁 6

制作视频-龙壁 7

6. 用主刻刀定出龙身的龙鳞纹路(图 7-4-7)。
7. 定出龙身背脊鳞的层次,注意形状(图 7-4-8)。
8. 用小 V 型戳刀在龙身鳞片各戳一刀以加深层次(图 7-4-9)。
9. 用主刻刀刻出龙尾线条,要点是线条一定要流畅(图 7-4-10)。
10. 用胡萝卜粘接出龙爪的大形(图 7-4-11)。
11. 用掏刀掏出龙爪的肌肉轮廓(图 7-4-12)。
12. 用主刻刀刻出龙爪的鳞甲(图 7-4-13)。
13. 用定型笔定出脚趾的肉垫(图 7-4-14)。
14. 用主刻刀沿着划线刻出脚趾肉垫,去废料(图 7-4-15)。
15. 脚趾肉垫:用小号掏刀突出肉垫的肌肉(图 7-4-16)。
16. 龙爪的大形(图 7-4-17)。
17. 龙爪背面的大形(图 7-4-18)。
18. 将胡萝卜一端收窄,在二分之一处戳一刀以突出额头(图 7-4-19)。
19. 以主刻刀走回刀定出鼻孔位置(图 7-4-20)。
20. 用宽 V 型划线刀突出鼻子的层次(图 7-4-21)。
21. 用回旋刀旋出鼻孔(图 7-4-22)。
22. 用宽 V 型划线刀定出龙头唇线(图 7-4-23)。
23. 用主刻刀定出龙嘴尖牙(图 7-4-24)。
24. 在唇线末端定出獠牙(图 7-4-25)。
25. 在獠牙上方定出眼睛,注意眼睛角度应正视前方(图 7-4-26)。
26. 用主刻刀定出 V 型下颚胡须刺(图 7-4-27)。
27. 用掏刀在眼睛后侧掏出耳朵位置(图 7-4-28)。
28. 粘接龙头的树枝状犄角并用掏刀掏出(图 7-4-29)。
29. 粘接龙头毛发,注意弧度要顺畅(图 7-4-30)。
30. 用掏刀掏出毛发的层次(图 7-4-31)。
31. 粘接眉骨的毛发(图 7-4-32)。
32. 用胡萝卜雕刻触须并固定在铁丝上(图 7-4-33)。
33. 取芋头粘接并画出浪花形状(图 7-4-34)。
34. 用直刀取出浪花废料(图 7-4-35)。
35. 用主刻刀将浪花边角修圆滑(图 7-4-36)。
36. 浪头大形(图 7-4-37)。
37. 用小掏刀在浪花浪头上掏出浪穗(图 7-4-38)。
38. 浪花整体大形(图 7-4-39)。
39. 将龙身体组装在浪花里面,让其有种卷曲浪花的感觉(图 7-4-40)。
40. 组装龙头(图 7-4-41)。
41. 组装龙爪(图 7-4-42)。
42. 组装成品图(图 7-4-43)。
43. 组装浪花配件(图 7-4-44)。
44. 龙头特写(图 7-4-45)。
45. 在浪花上喷上淡淡的蓝色(图 7-4-46)。
46. 在龙身体喷上浅浅的银色(图 7-4-47)。
47. 特写(图 7-4-48)。
48. 主图(图 7-4-49)。

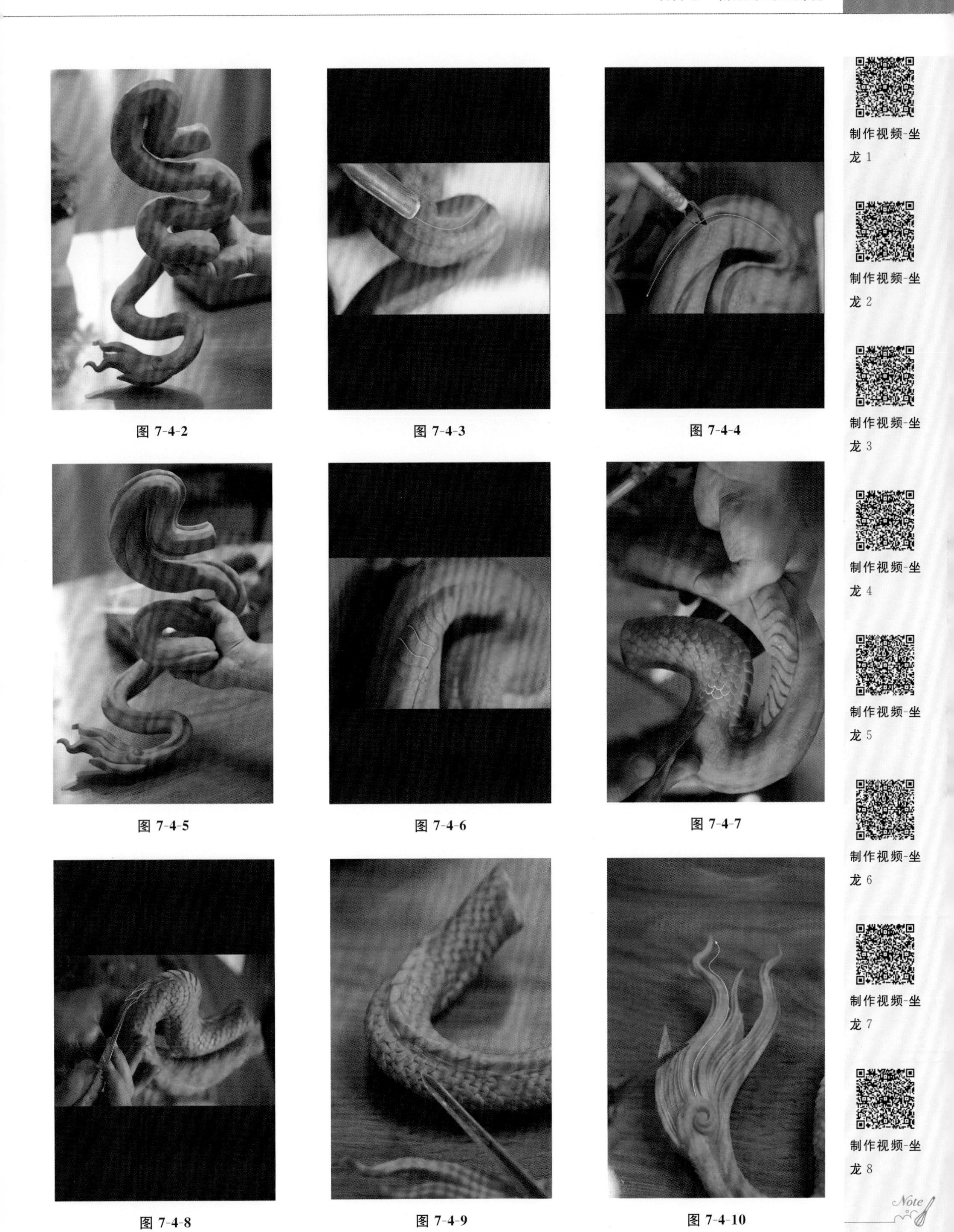


图 7-4-2

图 7-4-3

图 7-4-4

图 7-4-5

图 7-4-6

图 7-4-7

图 7-4-8

图 7-4-9

图 7-4-10

图 7-4-11 图 7-4-12 图 7-4-13

图 7-4-14 图 7-4-15 图 7-4-16

图 7-4-17 图 7-4-18 图 7-4-19

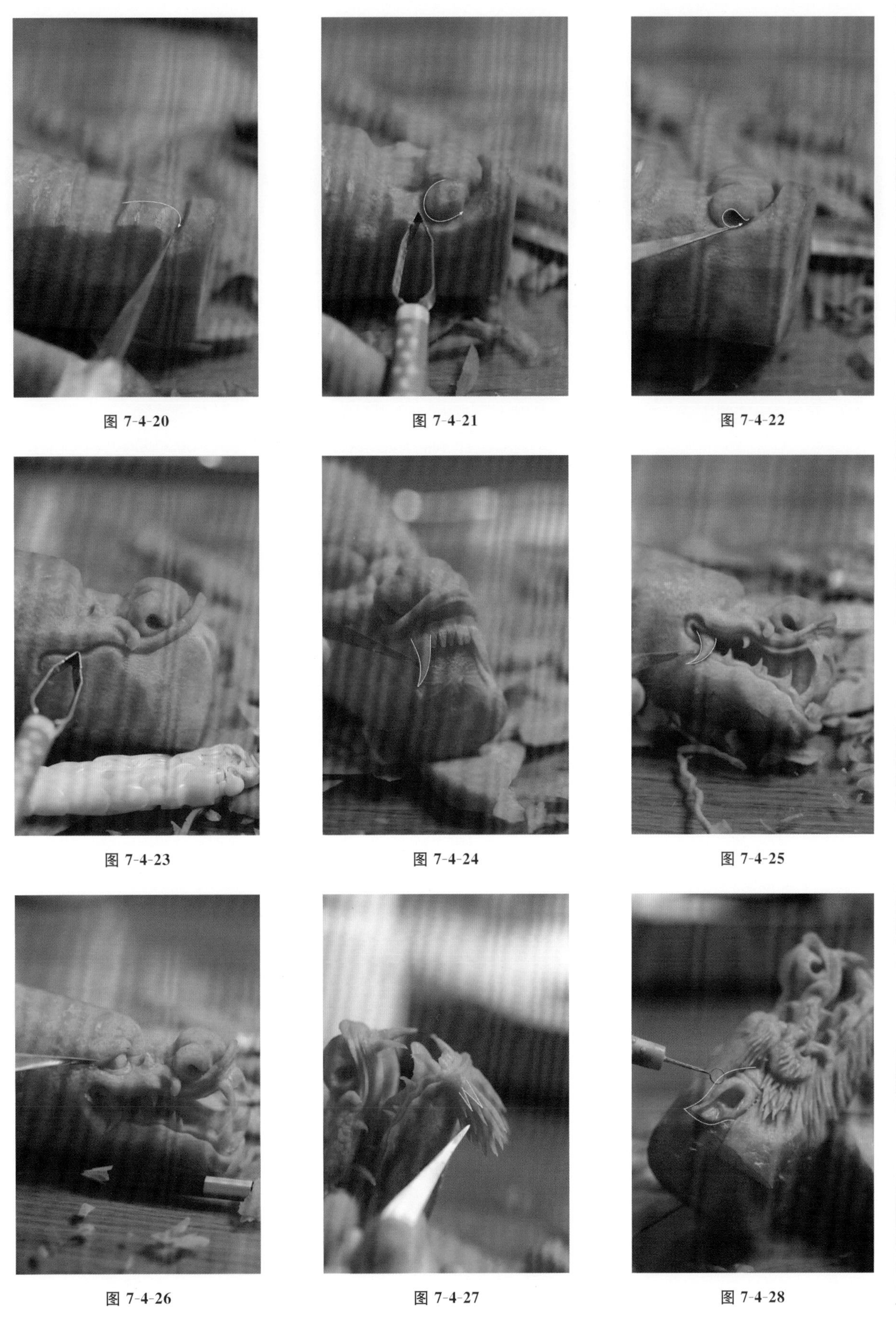

图 7-4-20　图 7-4-21　图 7-4-22

图 7-4-23　图 7-4-24　图 7-4-25

图 7-4-26　图 7-4-27　图 7-4-28

图 7-4-29

图 7-4-30

图 7-4-31

图 7-4-32

图 7-4-33

图 7-4-34

图 7-4-35

图 7-4-36

图 7-4-37

图 7-4-38　图 7-4-39　图 7-4-40

图 7-4-41　图 7-4-42　图 7-4-43

图 7-4-44　图 7-4-45　图 7-4-46

图 7-4-47

图 7-4-48

图 7-4-49

## 四、技术要领

1. 在龙身体蜷曲的弧度中，除了可以用原料拼接出身体的弧度，还可以通过背脊和肚子的位置来改变身体的卷曲弧度。

2. 雕刻过程中，任何分界的部位，比如龙身和肚子，龙身和背脊等分界的部位，尽量用掏刀和戳刀过渡，不要用主刻刀分割，会死板和脱节。

3. 配件的安装也非常重要，要能贴合雕刻的主体，比如浪花，是从水里面盘旋而出的感觉，会有一个动态感，而直接架在配件上，会失去这部分动感。

## 知识拓展

以龙为主题，可以制作出不同的组合雕刻。可参照图 7-4-50、图 7-4-51。

图 7-4-50

图 7-4-51

扫码看答案

## 思考与练习

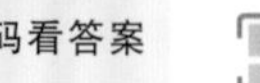


1. 龙的主要形态特征有哪些？

2. 课下练习龙的雕刻技法。

# 第二部分

# 冷　　拼

项目八

# 冷拼基础知识

## 项目导学

冷拼是烹饪工艺学的重要组成部分，是烹饪专业的主干课程，该内容重在培养学生的动手能力及审美能力。

本项目是冷拼课程中的基础章节。冷拼基础知识主要介绍了冷拼的概念和作用，冷拼的种类、特点和表现形式。通过系统学习冷拼基础理论知识，让学生充分了解冷拼在烹饪技能及行业中的作用，为日后学习和制作冷拼打好基础。

## 项目目标

知识教学目标：通过本项目的学习，初步了解冷拼的概念、特点，熟悉冷拼的作用。

能力培养目标：掌握冷拼的表现形式，为学习冷拼造型打好坚实的理论基础，提高审美能力，并能够运用所学知识，解决烹饪中出现的实际问题。

职业情感目标：让学生养成遵守规程、安全操作、整洁卫生的良好习惯，并正确认识冷菜拼摆的实用性，增强对本专业的情感认知。

## 任务一　冷拼的概念和作用

### 任务描述

冷拼是由一般冷菜拼盘逐渐发展而成的，发源于中国，是悠久的中华饮食文化孕育的一颗璀璨明珠，其历史源远流长。冷拼讲究寓意吉祥、布局严谨、刀工精细、拼摆匀称、食用性高，要求制作者有一定的艺术修养和精湛的烹饪技艺。

本任务主要介绍冷拼制作的概念和作用，在冷拼课程中是基础，是学习冷拼制作的初始任务。其在整个冷拼加工制作中起到承上启下的作用，为实践打下良好的基础。

### 任务目标

1. 了解冷拼的概念和发展历程。
2. 掌握冷拼的作用。

#### 一、冷拼的概念

冷拼也称拼盘、花式拼盘、象形拼盘、工艺冷拼等，是指利用各种加工好的冷菜原料，采用不同的刀法和拼摆技法，按照一定的次序、层次和位置将多种冷菜原料拼摆成飞禽走兽、花鸟虫鱼、山水园林等各种平面的、立体的或半立体的图案，提供给就餐者欣赏和食用的一门冷菜拼摆艺术。

冷拼是由一般的冷菜拼盘逐渐发展而成的，发源于中国，是中国饮食文化的重要组成部分。古时只作祭品陈列而不食用，后演变为拼盘，其历史悠久。唐宋时期，冷拼不仅成了酒席上的佳肴，还是一件艺术品。唐代，就有了用菜肴仿制园林胜景的习俗。宋代，则出现了以冷拼仿制园林胜景的形式。明清之时，冷拼技艺进一步发展，制作更加精细。1949 年以后，烹饪行业不断推陈出新，冷拼也得到了大力发展。在全国的各种大赛中，冷拼都作为一个独立的项目进行比赛。近年来，随着经济的发展，冷拼得到迅猛的发展，原料的使用范围扩大，取材也更广泛，其运用范围也在不断扩大，拼摆形式也从以前的平面向半立体发展。

在宴席就餐程序中冷拼是最先与就餐者见面的头菜，它以艳丽的色彩、精湛的刀工、逼真的造型呈现在人们面前，令就餐者赏心悦目、诱人食欲，使就餐者在大饱口福之余，还能得到美的享受。

## 二、冷拼的作用

### （一）突出宴会主题

冷拼在宴会中的应用，首先要突出宴会的主题。冷拼制作者在制作前，要充分了解宴会的目的，以便构思和设计冷拼的形式，使构思设计的图案符合宴会的主题，不能随意制作，否则会事倍功半，达不到突出宴会主题的目的。如喜宴，设计者可设计龙凤呈祥、鸳鸯戏水、金鱼戏莲等吉祥如意的图案，以表达喜庆吉祥、恩爱美好的愿景；寿宴，设计者可设计松鹤延年、寿桃、山水寿石等图案，以表达身体健康、延年益寿之意；庆功宴，设计者可设计锦上添花、前程似锦等图案，以表达功名成就、更进一步之意；团聚宴，设计者可设计幸福满堂、喜鹊相会等图案，以表达相逢喜悦、相聚团圆之意；迎宾宴，设计者可设计孔雀开屏、迎宾花篮等图案，以表达热情欢迎、友谊长存之意。

### （二）烘托宴会氛围

由于冷拼色彩鲜艳、刀工精细、造型美观，能给就餐者艺术的享受。就餐者会将烹饪与艺术有机地联系，赏心悦目、轻松愉悦地就餐。让就餐者沉浸在艺术与美食的享受之中，再加上突出的主题，随着对一道道美食的品鉴，更加深化了宴会的意义，达到了烘托就餐氛围的目的。

### （三）提升宴会档次

在宴会中，冷拼能提升宴会的档次。一般来说，宴会的档次越高，冷拼制作的难度越大，制作越精细，造型更加美观，原料也越高档，以显示主人的重视，会给客人带来一种心理上的满足。冷拼既突出了主题，又显示了主人的热情大度，给客人留下深刻印象。

### （四）展现厨师的高超技艺

由于冷拼在构思、设计、制作上需要精心设计，达到构思巧妙、制作精细、原料搭配合理、口味变化多样、色彩绚丽。这就要求制作者要有一定的艺术修养和精湛的烹饪技艺，才能达到刀工精细、拼摆手法娴熟、图案造型栩栩如生。冷拼不仅给就餐者带来艺术享受，更展现了厨师精湛的烹饪技艺。

**知识拓展**

未来冷拼会有哪些发展？

# 任务二 冷拼的种类、特点和表现形式

## 任务描述

本任务主要介绍冷拼的种类、特点和表现形式，在冷拼课程中是基础，本任务为学生更进一步了解冷拼课程和实践学习打下良好的基础。

## 任务目标

1. 了解冷拼的种类。
2. 熟悉冷拼的特点。
3. 掌握冷拼的表现形式。

### 一、冷拼的种类

冷拼的种类繁多，运用科学方法对其复杂多变的形式进行分类，有助于分清它们之间的异同关系，深入探讨冷拼造型的规律和拼摆技巧，促进冷拼的发展。在冷拼分类中，因各地依据的标准不同，所分类别也不一样，大致有如下几种。

#### ❶ 按冷拼造型工艺的难易程度分类

(1)一般冷拼：又称普通冷拼，是运用简洁明快的拼制手法，将加工成型的冷菜装入盘内，造型简洁大方，突出冷菜的食用价值，应用广泛。

(2)花色冷拼：指经过精心设计加工、拼制成具有观赏价值的可食性冷拼。

#### ❷ 按冷拼造型的空间构成分类

(1)平面造型：类似浮雕式的造型，是在盘子的平面上拼摆凹凸起伏不大的造型形象，造型凹凸的高低与盘面的大小成一定比例，适合于从特定的角度进行审美欣赏。如“丹凤朝阳”“秋实硕硕”“扇形”等。

(2)半立体造型(又称卧式造型)：在花色冷拼制作中较为普遍，它介于立体和平面造型之间，通常将可食的冷菜切成小型形状，呈凸起状堆叠在盘内，摆成一定形状，然后用各种整齐的冷菜原料按设计的要求覆盖，形成一定的图案。造型美观，易于拼摆，既可食用，又可欣赏。如“鲤鱼跳龙门”“孔雀开屏”等。

(3)立体造型：类似整雕式造型，是在盘子的平面上塑造三维空间的形象，可以以任何一面进行审美欣赏，要求造型美观，立体感强，能食用，有观赏的价值，给人以一种真实感。如“满园春色”“虹桥美景”“立体花篮”等。

#### ❸ 按冷拼造型的形象艺术特征分类

(1)抽象造型：又分几何形造型和图案造型。

①几何造型：如“菱形”“球形”“方形”等。

②图案造型：以写意传神的方式，创造具有深邃意境的造型，如“龙凤呈祥”“麒麟”等。

(2)具象造型：又分动物类造型、植物类造型、景观类造型、器物类造型、其他造型。

①动物类造型：如“锦鸡”“雄鹰”“熊猫”“鲤鱼”“蝴蝶”等形象。

②花卉类造型：有各种花卉造型，如牡丹花、菊花、荷花等。

③树木类造型：如梅花树、松树、椰树等。

④果实类造型：如葡萄、桃子等。

⑤叶形类造型：如枫叶、荷叶、芭蕉叶等。

⑥景观类造型：如“北国风光”“锦绣山河”等。

⑦器物类造型：如“张灯结彩”“一帆风顺”等。

⑧其他造型：如“渔翁钓鱼”等。

(3)混合造型：将动物与植物、景观与器物、抽象造型与具象造型有机配合，达到形神毕肖的境界。

**4 按冷拼造型所用盘碟的多少分类**

(1)单盘造型：运用多种冷菜，将其拼装在一只大盘中，以达到造型目的，如“鹦鹉赏梅花”“海底世界”等。

(2)多盘组合造型：就是选用多只盘碟(有大有小或一大几小的盘碟)，把各种冷菜分别拼装在每一只盘碟中，并有一定的图案造型，组合成一组大型造型图案。如“百花齐放”“百鸟归巢”“群鹤献寿”等。

## 二、冷拼的特点

**1 可食性和观赏性双重功能**　冷拼之所以深受人们欢迎，主要是它根据冷菜属性，以美的造型展示出来，既有观赏性，给人一种视觉上的美感，还能给人以味觉、嗅觉、触觉等立体、全方位的美感，很好地满足了人们生理和心理的需要。

**2 原料的特性和形状的个性有机结合**　冷菜的原料多种多样，有其自生的及通过烹调后可以变化的色彩、形状、质地、口味特征和物质属性，经过合理的刀工处理及拼摆，使原料的各种品质特性完全融合在艺术美的形象之中，成为形象不可分离的组成部分，远远超出原料本身的特性，具有象征性、情感性意义。例如把番茄修成一朵“月季花”，有种生机盎然的感觉。

**3 主题和意境相互渲染**　不同的筵席，有不同的主题，冷拼有千姿百态的造型，能准确、具体而生动地揭示筵席的主题，以形象所隐喻的象征意义，诱发宾客的饮食审美想象和情趣，渲染筵席气氛，受到宾客青睐。如：

(1)婚宴：要突出和谐、美满、吉祥的祝福，用“龙凤呈祥”“鸳鸯戏荷”等冷拼比较合适。

(2)寿宴：要突出“寿比南山”的心愿，以长寿动植物造型为主，如“松鹤延年”“万年长青”等拼盘。

(3)节庆宴：用“百花齐放”“锦绣花篮”等艺术拼盘。

**4 烹调技术和工艺美术相互结合**　冷菜和热菜不一样，冷菜具有汤汁少、不油腻、多口味、多形状、组织紧密、便于优化、稍久放置不影响口味等方面的优势，借助冷菜的色彩、形状和特点，采用多种拼摆手法和写实、夸张、抽象、寓意等艺术表现手段，制作出食赏俱美的艺术造型。只有将烹调技术与工艺美术相结合，才能使花色拼盘具有久盛不衰的生命活力。

**5 外形和内涵相衬托**　冷拼造型多种多样，异彩纷呈，既能食用又能满足宾客审美需要，还有着丰富的内涵，如抽象的几何图案造型，可表现出纯粹的形式美；生动活泼的具象造型，可表现出爱情的纯真美满、节庆与团聚的欢畅、知己相逢的友情、对富裕的祈福、大干事业的抱负等人类的共同情感；还可表现出山川的秀美壮观、田园的静谧、四季的风光等，这种把外形与内涵相结合的做法，是冷拼的一大优势。我们要充分利用和拓展这门技术，使冷拼更加绚丽多姿、惹人喜爱。

## 三、冷拼的表现形式

**1 一般冷拼的表现形式**　最常见的一般冷拼是风味单盘(单拼)，通常以桥形、方形、馒头形出现。其次为拼合冷拼中的双色拼盘(双拼)、三色拼盘(三拼)、五色拼盘(五拼)、卤水拼盘等形式，讲究菜与菜之间的简单组合，具有盘内组合效果。

**❷ 花色冷拼的表现形式**　按造型构图，有图案冷拼、花色单盘和主题艺术冷拼三种表现形式。按造型构成可分为平面、半立体、立体冷拼三种表现形式。

**❸ 冷拼的表现手法**

（1）排拼法：排拼法是冷拼制作中最常用的手法，就是将经过刀工处理成型的原料整齐且有规律地拼摆在盘中，讲究排列有序、比例协调。排拼法可应用在竹子、蝴蝶等制作中。

（2）堆制法：堆制法是把加工成型或不规则形状的较小的原料，按冷拼图案的要求，码放在盘中，是一种较为简单的拼摆方法，冷拼的垫底多用此法。堆制法可采用一种原料，也可采用多种原料，堆制法呈现的一般形状有馒头形、宝塔形、卧式形、山川形等。

（3）叠砌法：叠砌法是将加工成型的原料，一片片有规则地码起来，形成一定图案。此法多用于鸟类翅、尾的制作，一般选用片形原料，是一种比较精细的拼摆手法，整齐美观。制作时，随切随叠，完成后用刀铲起原料，覆盖在垫底的原料上，也可切片在盘中叠砌成型。此法可应用在桥形、梅花形、什锦拼盘上。

（4）摆贴法：摆贴法是运用巧妙的刀法，把原料切成特殊形状，按构思要求摆贴成各种图案，多用于禽鸟类、动物、树叶、鱼鳞等图案的拼盘，是一种难度较大的操作方法，需要具备熟练的拼摆技巧和一定的艺术修养。

（5）雕刻法：雕刻法是运用雕刻的方法对原料进行成型处理后，组拼在盘中的图案上，如鸟的嘴、爪及动物类、动漫类人物的某些部位。此法在金鱼、小鸟等图案中应用较多。雕刻法要求制作者雕刻的技术精湛、熟练，雕刻出的作品形态生动、结构比例准确。

（6）模具法：模具法可分为模压法和模铸法。模压法是运用各种空心模具将原料压成一定形状，再按花色拼盘图案的要求进行切摆，形状统一、美观，如梅花、禽鸟羽毛的制作等。模铸法是将制作好的冻液，浇在一定形状的空心模具中，使其成为一定的图案，然后将成型的图案摆放在盘中，如拼摆的金鱼尾巴、湖水等图案。

（7）卷制法：卷制法是将原料改成薄片或使用薄片的原料，包馅或不包馅进行卷制，然后经过刀工处理后进行拼摆成型的手法，如萝卜卷、紫菜蛋卷、黄瓜卷等。一般来说，卷制法制作成的菜品色彩鲜艳，摆制的造型美观。

（8）裱绘法：裱绘法是指将裱花蛋糕的技法应用于冷拼的制作中，是将具有一定色彩、味型的胶体原料，装入特殊的裱绘工具中，在盘中或主题图案上挤裱绘制一定的图案或文字，起到衬托美化作用。

**知识拓展**

运用所学知识，设计一款冷拼图案。

项目九

# 冷拼制作常用原料及加工制作方法

## 项目导学

冷拼制作常用原料及加工制作方法是冷拼课程的基础，是烹饪工艺学的重要组成部分，是烹饪专业的主干课程，该内容重在培养学生的动手能力及审美能力，实践性极强，本项目内容编排由浅入深，由简至繁，循序渐进，重点突出。

冷拼制作常用原料非常广泛，加工制作方法尤为严谨。需考虑每种原料的色泽、口味、形状等是否符合拼摆的要求，同时还要选好盛器的大小及样式。冷拼原料在加工制作顺序上分为垫底、盖边和盖面。垫底是用下脚料或边角料垫在盘的中间，作为盖面的基础；盖边也叫围边或码边，是将比较整齐的片、块、段等覆盖在垫底的上面；盖面又称封顶、装刀面，是选质量最好，切得最整齐的块、片、段等形状相叠后盖在垫底的碎料上面，显得美观又丰满。冷拼的加工制作基本手法有六种：排、堆、叠、围、贴、覆。排是将用刀处理好的片、块、条等小型原料整齐而成行地排在盘中；堆是将切好的丝、片、丁或一些不规则的冷菜原料堆放在盘中；叠是把切好的冷菜一片一片叠起来的一个过程；围是把冷菜切成一定形状，在盘中排列成环形，可排多层，层层围绕；贴又称摆，就是将冷菜切成各种象形的片状，拼摆在已大体成型的轮廓上，一般用于花色冷拼，如摆树叶、羽毛、翅膀等；覆又称扣，就是将加工成型的冷菜，先整齐排列在一只较深的盛器中，再翻扣入盘内或菜面上，多是半圆形。

## 项目目标

知识教学目标：通过本项目的学习，了解冷拼的常用原料的范围，掌握冷拼加工制作步骤和方法要领。

能力培养目标：掌握冷拼加工制作拼摆原则和技巧，掌握制作造型所需具备的扎实的基本功，能够运用所学知识，解决烹饪中出现的实际问题。

职业情感目标：让学生养成遵守规程、安全操作、整洁卫生的良好习惯，并正确认识冷菜拼摆的实用性，增强对本专业的情感认知。

## 任务一　常用蔬菜类原料的加工处理

### 任务描述

本任务主要介绍冷拼制作中常用蔬菜类原料的种类及每种原料在冷拼中的加工过程和处理方法。本任务在冷拼课程中居于基础性地位，并在整个冷拼加工制作起到承上启下的作用，为实践打

下良好的基础。

任务目标

1. 了解常用蔬菜的特点及其在冷拼中的用途。

2. 掌握每种蔬菜的冷处理和热处理。

3. 通过学习加工制作方法，使学生养成操作细心、认真，讲究卫生的好习惯。

以食品为原料，经过精巧的美化加工而烹制成的菜肴叫作工艺菜，又常被称为花色菜、彩盘、花式拼盘等。工艺菜与宴席上纯作观赏的“看盘”不同，既可观赏又可食用。

凉菜的工艺菜多用于较高级的宴席，最早只是花色冷拼。现在已经发展成为宴席中热菜的“头菜”或“二汤”。虽然一般宴席十几个冷热菜中大菜占8～9个，工艺菜仅1～2个，但是能增添宾主情趣，活跃宴会气氛，增进食欲，同时也展示了厨师的技艺水平。

近年来，烹调师创作了很多高水平的工艺菜，如推纱望月、出水芙蓉、孔雀开屏、熊猫戏竹等，都是题材新颖、造型生动且味美可口，深受中外美食家赞誉的“艺术品”。

## 一、萝卜

### ❶ 冷处理

材料准备：取一个容器，里面加入盐、糖、白醋、野山椒、干辣椒、花椒、姜片、泰椒、大料等，调制成泡菜汁。

制作过程：适量萝卜（青萝卜、心里美萝卜、白萝卜、胡萝卜）去皮，切成1厘米的厚片，放入泡菜汁中充分搅拌均匀，腌制2～3天后取出，装盘即可使用。

### ❷ 热处理

材料准备：电磁炉、锅、盐、白醋。

制作过程：在冷水中加入适量盐、白醋、油，将萝卜去皮切1厘米的厚片，冷水下锅，青萝卜煮至翠绿，整片青萝卜可以弯曲的程度即可；心里美萝卜、白萝卜、胡萝卜煮至整片可以弯曲的程度即可。

## 二、乳瓜

### ❶ 冷处理

材料准备：同萝卜。

制作过程：拿到适量乳瓜（图9-1-1）用清水洗干净并晾干水分，放入泡菜汁中充分搅拌均匀，腌制2～3天后取出，装盘即可使用。

图 9-1-1

### ❷ 热处理

材料准备：电磁炉、锅、盐、白醋。

制作过程：凉水煮沸，里面加入适量盐、白醋，将乳瓜用清水洗干净下锅，煮至表面翠绿，即可捞出。

## 三、西蓝花

西蓝花（图9-1-2）的热处理方法如下。

材料准备：电磁炉、锅、盐。

制作过程：凉水煮沸，里面加入适量盐，将西蓝花用清水洗干净下锅，煮至表面翠绿，捞出置冰块上降温，沥水备用。

图 9-1-2

# 任务二 蛋白(黄)糕的制作

## 任务描述

蛋白(黄)糕是拼盘中经常用到的原料，颜色为白色和黄色。本任务主要介绍蛋白(黄)糕的加工方法、制作步骤及要点等。

## 任务目标

1. 了解蛋白(黄)糕的特点及其在冷拼中的用途。
2. 会使用蒸锅或蒸车制作出蛋白(黄)糕。
3. 通过蛋白(黄)糕的制作，养成操作细心、认真、讲究卫生的好习惯。

## 知识准备

蛋糕(一般为蛋白糕和蛋黄糕(图 9-2-1))，是冷拼制作常用的原料，主要用于制作花色单盘与主题艺术冷拼及冷拼点缀的材料。在鸡蛋黄(清)中加入湿淀粉，可增加蛋白(黄)的硬度，便于切片。

图 9-2-1

## 任务实施

### 一、原料准备

鸡蛋、淀粉、清水。

### 二、工具准备

密筛、不锈钢盘、保鲜膜等。

### 三、制作过程

❶ **取蛋液** 打开鸡蛋，将蛋黄、蛋清分别放于盛器中备用(图 9-2-2)。
❷ **加入湿淀粉** 将湿淀粉分别倒入蛋黄和蛋清中备用(图 9-2-3、图 9-2-4)。
❸ **调匀** 将加入湿淀粉的蛋黄和蛋清分别充分调匀(图 9-2-5)。
❹ **密筛过滤** 将调匀的蛋液用密筛过滤(图 9-2-6、9-2-7)。
❺ **倒入盛器** 准备一个不锈钢盘，在不锈钢盘内铺上一层保鲜膜，将蛋液倒入(图 9-2-8)。
❻ **蒸制成型** 将不锈钢盘放入蒸车(蒸锅)中，蒸制成型，晾凉(图 9-2-9)，用保鲜膜包好即可。

### 四、技术要领

1. 蛋黄、蛋清要充分调匀、过滤使蛋液更细匀。
2. 不锈钢盘中要涂上色拉油或用保鲜膜垫好。
3. 蒸制时蒸汽要小，以免蛋糕起孔。
4. 成品用保鲜膜包好，防止因风吹蛋糕外缘干硬。

图 9-2-2　图 9-2-3　图 9-2-4

图 9-2-5　图 9-2-6　图 9-2-7

图 9-2-8　图 9-2-9

## 知识拓展

制作蛋白(黄)糕方法很多,可多试验几种,比如添加鸭蛋黄、料酒和适量食盐等,可以使成品颜色和硬度更加适合冷拼时的修型加工。

# 任务三　多层琼脂糕的制作

## 任务描述

琼脂糕是冷拼中经常用到的原料,常见的有单色糕、双色糕、多色糕,颜色有黑色、黄色、白色、绿色等。本任务主要介绍琼脂的加工方法、天然色素的制作方法、琼脂糕的制作步骤及要点等。

## 任务目标

1. 了解琼脂的特点和用途。
2. 能制作天然色素和单色琼脂糕。
3. 会使用蒸锅、榨汁机等设备和工具。
4. 养成操作细心、认真的好习惯。

## 知识准备

琼脂，学名琼胶，是植物胶的一种，常用海产的麒麟菜、石花菜、江蓠等制成，为无色、无固定形状的固体，溶于热水。在食品工业中应用广泛，亦常用作细菌培养基。琼脂主要用海南(简称琼)的麒麟菜或石花菜制作而成，故名琼脂。琼脂用于食品中能明显改变食品的品质，提高食品的档次。可用作增稠剂、凝固剂、悬浮剂、乳化剂、保鲜剂和稳定剂。广泛用于制造各种饮料、果冻、冰激凌、糕点、软糖、罐头、肉制品、八宝粥、银耳燕窝、羹类食品、凉拌食品等。

琼脂不溶于冷水，能吸收相当于本身体积 20 倍的水。易溶于沸水，稀释液在 42 ℃仍保持液状，但在 37 ℃凝成紧密的胶冻。

## 任务实施

### 一、原料准备

琼脂、胡萝卜、菠菜、糖。

### 二、工具准备

密筛、不锈钢盘、保鲜膜、榨汁机等。

### 三、制作过程

❶ **浸泡**　取出琼脂放在不锈钢盘中加水浸泡至膨胀(图 9-3-1、9-3-2)，然后用密筛沥去多余的水备用(图 9-3-3)。

❷ **榨汁**　将胡萝卜、菠菜用榨汁机分别榨出胡萝卜汁和菠菜汁备用(图 9-3-4、图 9-3-5)。

❸ **准备盛器**　准备一个不锈钢盘，在不锈钢盘内铺上一层保鲜膜。

❹ **蒸制**　另取一个不锈钢盘，将隔去余水的琼脂倒入，将其放入蒸笼中蒸至全溶后平均分成两部分。

❺ **成型**　在两份琼脂中分别加入胡萝卜汁和菠菜汁；将胡萝卜琼脂先倒入准备好的封保鲜膜不锈钢盘中，等待冷却凝固，再倒入菠菜汁琼脂浆，待其凝固后，在重复一次即可做出四层琼脂糕(图 9-3-6)。

### 四、技术要领

1. 注意两种蔬菜汁放入的量必须保持一致否则后面做出来的两种颜色的琼脂糕的硬度会不一样。
2. 注意干琼脂不能浸泡时间过长，否则琼脂吸水过量会变得糜烂。
3. 溶化后的琼脂如果暂时不用，要进行保温，否则就会凝固。

图 9-3-1　　图 9-3-2　　图 9-3-3

图 9-3-4　　图 9-3-5　　图 9-3-6

## 知识拓展

1. 制作琼脂糕加入不同的原料还可以呈现不同的颜色，如加入熟南瓜泥，可以制作金黄色的琼脂糕(图 9-3-7)，加入植脂奶油可制作白色的琼脂糕(图 9-3-8)等。

2. 琼脂与水的比例影响着琼脂糕的硬度，水越少越硬，越容易加工。

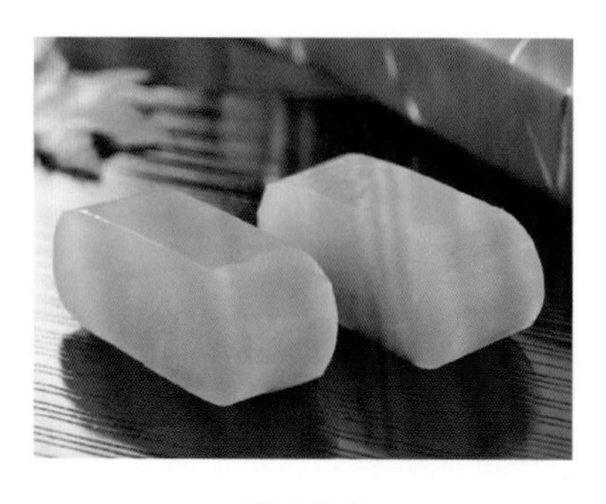

图 9-3-7

图 9-3-8

# 任务四　猪耳卷的制作

## 任务描述

猪耳卷实际上就是由卤水猪耳经过卷、压等手法制作而成的，又叫“顺风耳”，是一款经典的凉菜，也是拼盘中经常用到的可食性非常高的一种原料。好的猪耳卷味道鲜美、质地紧实、色泽酱红。本任务通过展示制作的关键步骤，明确制作的技术要领，教会大家如何制作高质量的猪耳卷。

## 任务目标

1. 掌握猪耳初步加工的方法和猪耳卷的制作步骤。
2. 掌握成型技法“卷”“压”的要领。
3. 养成操作细心、认真的好习惯。

## 知识准备

冷水锅焯水是将原料与冷水同时下锅加热至一定程度，捞出洗涤后备用。这种方法适用于腥、膻、臊等异味较重、血污较多的原料。如牛、羊肉、肠、肚、心、肺等。这些原料如果在水沸后下锅，则表面会因骤受高温而立即收缩，内部的血污就不易排出，所以冷水下锅为好。在冷水锅焯水过程中，要注意经常翻动，使各部分受热均匀。同时应根据原料性质和不同的要求，有秩序地分别进行冷水锅焯水，防止加热时间过长，致原料软烂。对鸡、鸭、蹄髈、方肉等原料，在焯水前必须洗净，入沸水焯一下即可捞出，不能久焯，以免损失原料的鲜味，而且焯水后的汤汁不可弃去，可作制汤之用。

## 任务实施

### 一、原料准备

猪耳、卤水。

### 二、工具准备

重砧板、保鲜膜、竹签等。

### 三、制作过程

❶ **清洗**　将猪耳用清水洗净，用火枪烧去猪毛，用刀刮去焦煳部分洗净备用。

❷ **卤制**　将准备好的卤水烧至沸腾后，将准备好的猪耳直接放入卤水中，再将火调至最小将猪耳进行浸卤(图 9-4-1)。

❸ **修整**　待猪耳卤至软糯后取出，应当将耳根较厚部分切除，留软骨薄脆部分(图 9-4-2)。

❹ **卷起**　将处理好的猪耳卷起，然后用保鲜膜紧紧包裹住(图 9-4-3)。

❺ **排气**　用竹签在包裹住猪耳的保鲜膜上插出排气孔(图 9-4-4)。

❻ **挤压成型**　用重砧板将包裹好的猪耳压住(图 9-4-5)，待冷却后放到冰箱即可(图 9-4-6)。

图 9-4-1

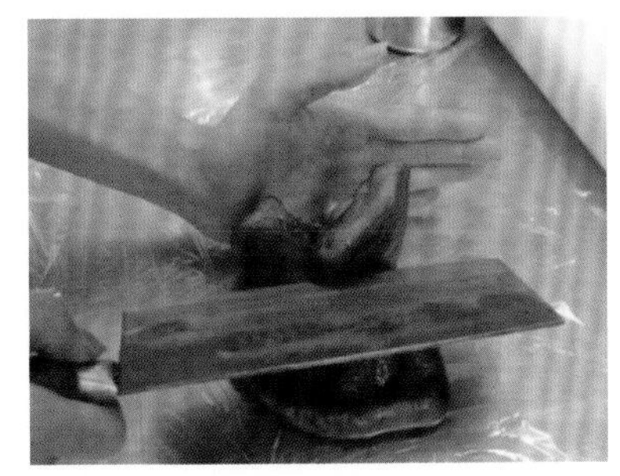

图 9-4-2

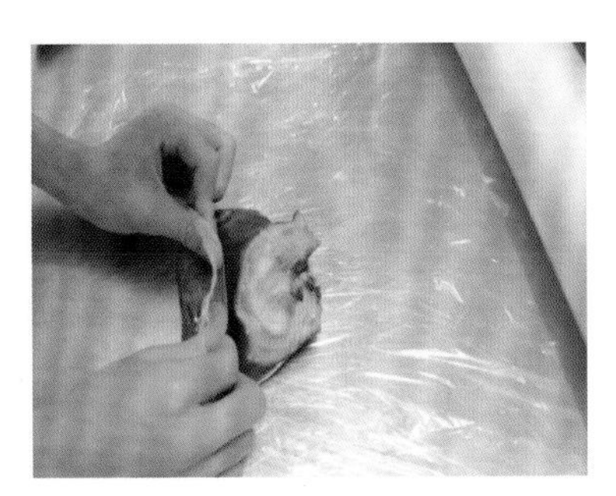

图 9-4-3

图 9-4-4

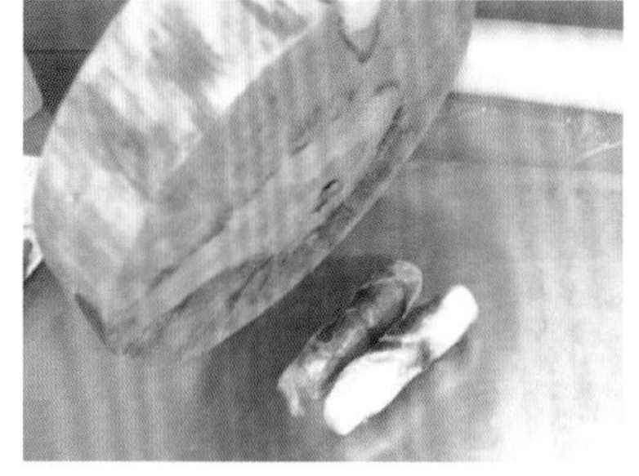

图 9-4-5

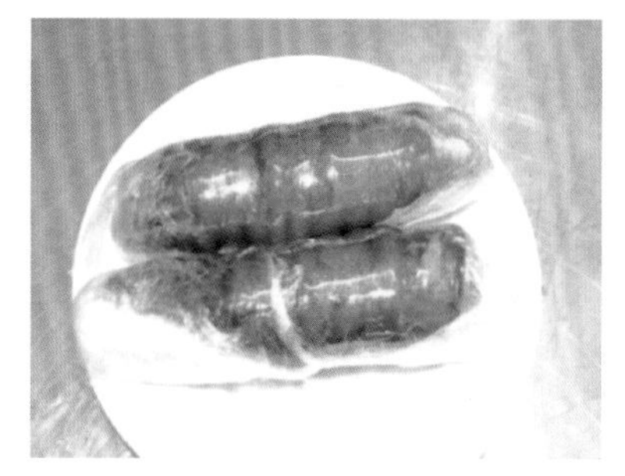

图 9-4-6

### 四、技术要领

1. 卤制猪耳时，卤水不能大沸，否则猪耳容易破皮。

2. 保鲜膜卷好猪耳后必须要用竹签在表面插出排气孔，否则制作出来的成品包裹空气，容易分层。

3. 保鲜膜包裹好的猪耳必须用重砧板压实，否则猪耳朵容易散开。

### 知识拓展

猪耳还可以制作成多种造型，卷入咸蛋黄可做成蛋黄猪耳卷（图 9-4-7）；多个猪耳叠放一起后经过挤压塑型，可制作成千层耳（图 9-4-8）。

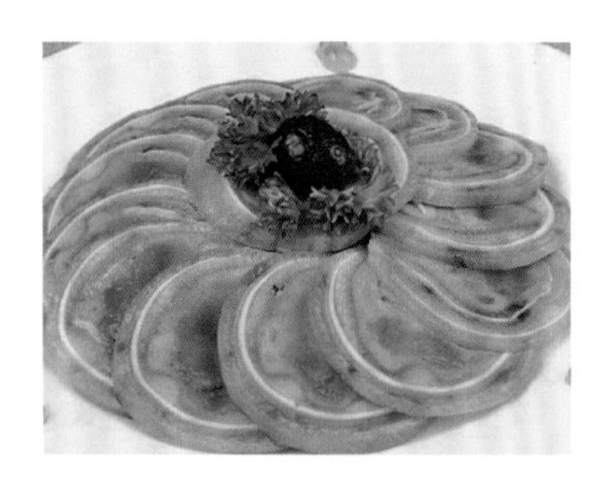

图 9-4-7

图 9-4-8

## 任务五 鱼卷的制作

### 任务描述

鱼卷是将鱼肉制蓉，加入调料搅打上劲后加入天然色素，用蛋皮包裹后蒸熟制成的。由于鱼卷色泽、形状均可根据需要自制，所以在冷拼中运用十分广泛，常常可用于拼摆假山、鸟羽、鱼鳞等。本任务学习鱼肉的制蓉、清洗、打胶、成型等关键流程。

### 任务目标

1. 掌握鱼卷制作的流程。

2. 在老师的指导下能通过小组合作完成鱼卷制作。

3.培养团队合作精神。

## 知识准备

蓉胶又称缔(第)子、糁子,在食品工艺中又叫肉糜,是将动物性原料肌肉经粉碎性加工成蓉、泥状后加水、蛋、盐、淀粉或其他原料搅拌混合制成的黏稠状的胶体复合性食品原料。蓉胶在烹饪中的应用十分广泛,既可以独立成菜,也可以作为花色菜肴的辅料和黏合剂,蓉胶是对原料组织和风味进行优化和改良的产物。蓉胶的典型代表菜为"清汤鱼圆"(图 9-5-1)。

图 9-5-1

## 任务实施

### 一、原料准备

鸡蛋、糖、盐、湿淀粉、味精、鲢鱼肉、红椒、菠菜、胡萝卜等。

### 二、工具准备

菜刀、砧板、密筛、纱布、裱花袋、保鲜膜等。

### 三、制作过程

❶ **制作蛋液** 将蛋清和蛋黄分离,加入盐后分别搅拌均匀,然后加入少量湿淀粉,过滤后待用。

❷ **制作蛋皮** 将蛋黄液体倒入平底锅中,用微火摊成蛋皮。

❸ **刮蓉、清洗** 将鱼肉刮蓉后(图 9-5-2),放入清水中浸泡、清洗,然后用密筛沥去多余的水分(图 9-5-3)。

❹ **榨汁** 将菠菜叶、红椒、胡萝卜洗净后放入榨汁机中加入少量水打碎取汁过滤(图 9-5-4),然后加入盐、糖调味备用(图 9-5-5)。

❺ **打胶** 在鱼蓉中加入盐、糖搅打上劲后慢慢加入备好的蔬菜汁,搅拌均匀,于冰箱中放置 10 分钟左右(图 9-5-6)。

❻ **装袋** 将鱼蓉放入裱花袋中,排净气泡,用同样的方法,制作出其他颜色的鱼蓉备用(图 9-5-7)。

❼ **包裹、熟制** 把鱼蓉挤在蛋皮上,慢慢滚动鱼蓉,使蛋皮粘贴在表面,用保鲜膜包裹紧实(图 9-5-8、图 9-5-9),然后放入蒸笼中蒸 10 分钟左右,取出冷却即可(图 9-5-10)。

图 9-5-2

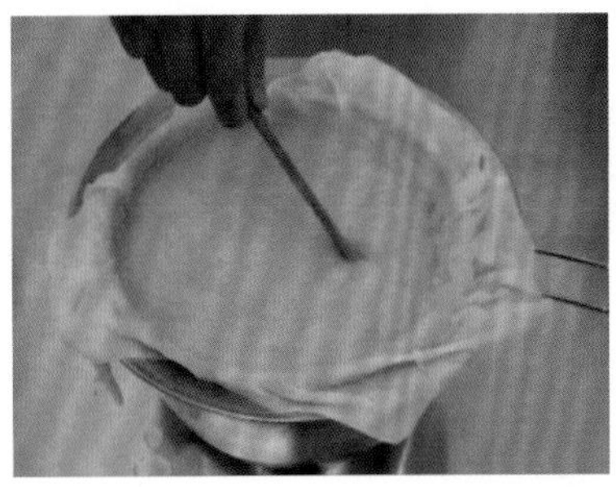

图 9-5-3

图 9-5-4

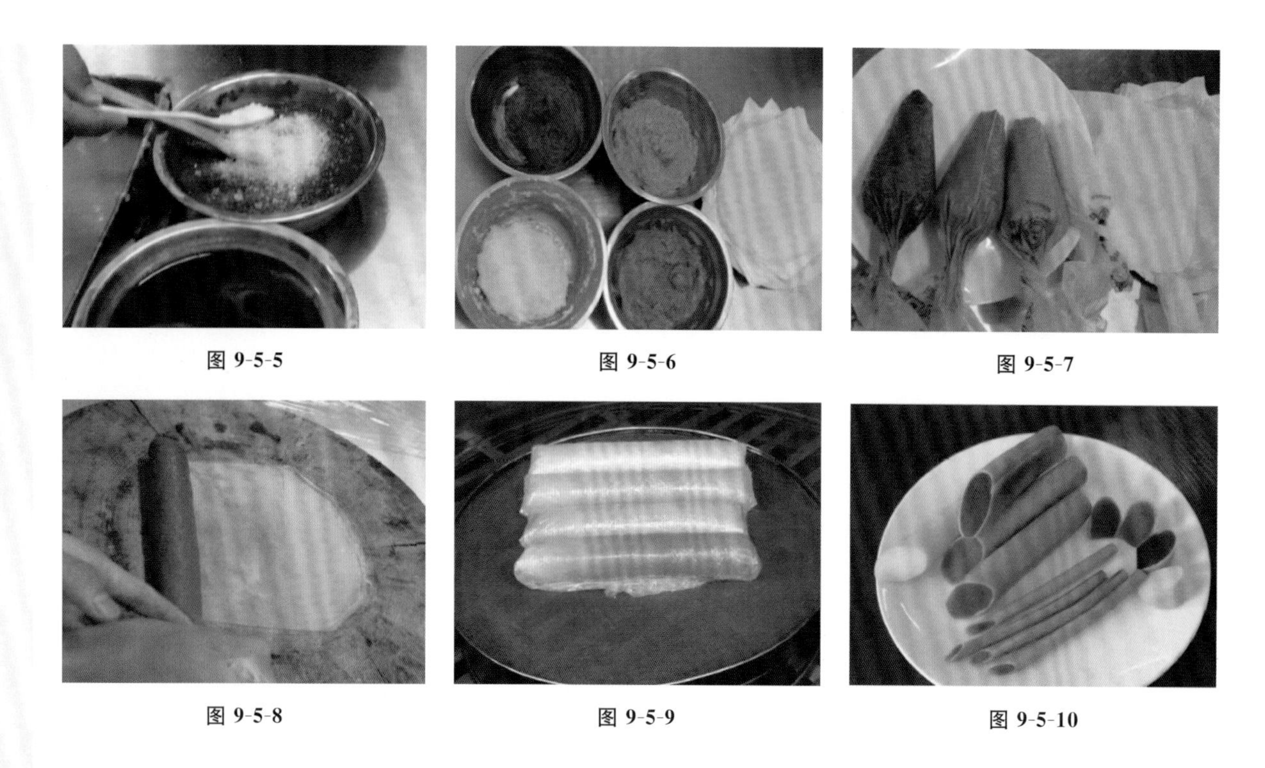

图 9-5-5　图 9-5-6　图 9-5-7

图 9-5-8　图 9-5-9　图 9-5-10

## 四、技术要领

1. 在鱼蓉的调制过程中，应该注意鱼蓉和盐的比例。
2. 鱼蓉要搅打上劲，蒸熟后才会有弹性，不易破碎。

**知识拓展**

卷类品种丰富，常见的主料有鱼肉、虾肉、鸡肉、猪肉，蛋皮加紫菜包裹鱼肉可制作成紫菜鱼卷（图 9-5-11）；鸭肉、蛋黄可制作成蛋黄鸭卷（图 9-5-12）；还有鱼板（图 9-5-13）、如意卷（图 9-5-14）等。

图 9-5-11

图 9-5-12

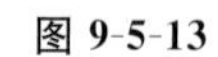

图 9-5-13

图 9-5-14

项目十

# 基础类冷拼

## 项目导学

本项目主要介绍基础类冷拼，也是冷菜拼摆中最基本、最常见的一类拼盘，是将冷菜经过排、叠、围、摆、覆等方法装入盘中的过程，为以后学习和掌握艺术造型冷拼打好扎实基本功。

基础类冷拼常见的有单拼、双拼、三拼、四拼、什锦拼等几种类型。然后每一种类型又有不同的表现形式：单拼有馒头形、桥形、方形等；双拼有对称桥形、非对称桥形、长方形等；三拼有三角形等；四拼有方形、围形等；什锦拼有圆形、双菱形等。基础类冷拼的选料和刀工要求比较高，刀面要求厚薄均匀、长短一致，选料精细、完整。

## 项目目标

知识教学目标：通过本项目的学习，了解基础类冷拼的种类及基础知识，掌握基础类冷拼的操作步骤和操作要领。

能力培养目标：掌握各种基础类冷拼的拼摆方法和技巧，并能够运用到实际工作当中，为全面掌握冷菜拼摆的制作和设计打下良好基础。

职业情感目标：让学生养成遵守规程、安全操作、整洁卫生的良好习惯，并正确认识冷菜拼摆的实用性，增强对本专业的情感认知。

## 任务一 单　拼

### 任务描述

此任务以黄瓜为主要原料，选料简单但讲究刀工。通过切，练习跳刀；通过摆，练习基础造型。

### 任务目标

1. 能够运用拼摆手法，拼摆出层次清晰、刀工均匀的单拼。
2. 在完成单拼制作任务中，养成认真、细致、耐心的良好习惯。

### 知识准备

单拼（图 10-1-1）是指冷拼盘中只有一种冷菜原料，又称单盘或独碟。它是以组成冷拼造型的原料品种数目作为分类标准的。单拼是应用最为普遍的一类冷拼造型，任何一种冷菜原料都可以用于

制作单拼。

## 任务实施

图 10-1-1

### 一、原料准备

黄瓜、车厘子等。

### 二、工具准备

切刀、砧板等。

### 三、制作过程

❶ **剖开黄瓜** 将黄瓜从中间剖开(图 10-1-2),去除两头。

❷ **切连刀片** 取半边直刀切成连刀片(图 10-1-3、图 10-1-4),然后放入盐水里浸泡 5 分钟。取出后用干净的抹布吸干多余的水,用手掌按压成圆环摆在盘中(图 10-1-5)。

❸ **拼摆第二、三、四层** 用同样的方法摆出第二、第三、第四层(图 10-1-6、图 10-1-7)。

❹ **装饰** 在最顶端放上半个红车厘子点缀即可(图 10-1-7)。

图 10-1-2

图 10-1-3

图 10-1-4

图 10-1-5

图 10-1-6

图 10-1-7

### 四、技术要领

1. 黄瓜片要厚薄均匀,而且连刀的部分尽量减少。
2. 最下面一层黄瓜环最大,越向上黄瓜环越小。

## 知识拓展

运用馒头形的拼摆手法,还可以制作哪些作品?可参照图 10-1-8、图 10-1-9。

图 10-1-8

图 10-1-9

## 任务二 花形萝卜卷

### 任务描述

在冷菜拼摆中，花形萝卜卷是基础教学品种之一。一般选用白萝卜，运用滚料片刀法，将萝卜加工成大的萝卜片，然后运用卷的手法制作成萝卜卷，最后经刀工处理拼摆成型。在烹饪中主要用于一些冷菜的装盘。

### 任务目标

1. 掌握花形萝卜卷的相关基础知识。
2. 能够熟练运用滚料片刀法，熟练运用卷的手法制作出粗细均匀的萝卜卷。
3. 在完成花形萝卜卷制作任务中，养成认真、细致、耐心的良好习惯。

### 知识准备

花形就是将冷菜切成马蹄段、象眼块等形状，在盘内沿着盘边，由低向高，由外向里盘旋堆积、整理成放射形，拼摆成各种花朵状（图 10-2-1）。

此法还可用于其他卷状原料的冷菜拼摆，如蛋卷和鱼卷等。

图 10-2-1

### 任务实施

#### 一、原料准备

白萝卜、红椒、白糖、白醋等。

#### 二、工具准备

切刀、砧板等。

#### 三、制作过程

❶ **选料腌渍**　选一根新鲜的白萝卜和一个红椒（图 10-2-2），白萝卜切成 12 厘米的段，加入白

糖、白醋腌渍待用(图 10-2-3)。

❷ **刀工处理** 将腌渍好的白萝卜用切刀片成薄片(图 10-2-4),将红椒切成 0.2 厘米粗的细丝(图 10-2-5)。

❸ **裹卷切形** 将片好的白萝卜片上放入红椒丝,裹卷成圆柱状(图 10-2-6),用切刀斜切成马蹄段(图 10-2-7)。

❹ **拼摆前两层** 将切好的白萝卜卷,呈环形摆在圆形餐盘中,然后在第一层上交叉再摆一圈成为第二层,拼出前两层花形(图 10-2-8、图 10-2-9)。

❺ **拼摆剩余层次** 在第二层上交叉再摆一圈成为第三层(图 10-2-10),依次摆 4～5 层,让其呈花形,然后收口(图 10-2-11)。

图 10-2-2　图 10-2-3　图 10-2-4

图 10-2-5　图 10-2-6　图 10-2-7

图 10-2-8　图 10-2-9　图 10-2-10

## 四、技术要领

1. 白萝卜要用白糖、白醋完全腌渍入味,以便于刀工成型。
2. 白萝卜和红椒丝要薄厚、粗细均匀,确保卷的质量。
3. 卷裹白萝卜卷时要卷紧,以免影响整体形态。
4. 拼摆时要掌握好层与层的位置,保证层次紧密明晰。

## 知识拓展

运用花形萝卜卷的拼摆手法，还可以制作哪些作品？可参照图 10-2-12、图 10-2-13。

图 10-2-11

图 10-2-12

图 10-2-13

# 任务三　双　拼

## 任务描述

在冷菜拼摆中，双拼是基础教学品种之一，一般选用一种荤料和一种素料搭配在一起，运用叠、摆等技法，完成双拼的拼摆。在烹饪当中主要用于一些冷菜的装盘。

## 任务目标

1. 掌握双拼的相关基础知识。
2. 能够运用拼摆手法，拼摆出层次清晰、均匀的双拼造型。
3. 在完成双拼制作任务中，养成认真、细致、耐心的良好习惯。

## 知识准备

双拼（图 10-3-1）又称对拼、两拼等，就是把两种不同的冷菜拼装在同一个盘内。双拼装盘要求整齐、层次均匀，两种冷菜的色彩对比鲜明，口味也有所差异。双拼的形式多种，有的是两种冷菜在盘中各占一半，对称拼摆；有的是将一种冷菜摆在餐盘中间，另一种冷菜围在四周或者摆在上面；有的是将一种冷菜如同单盘一样拼装好后，再用另一种冷菜在周围围上花边。

图 10-3-1

## 任务实施

### 一、原料准备

方火腿、白萝卜。

### 二、工具准备

切刀、砧板等。

### 三、制作过程

❶ **选料修形** 选用一根新鲜的白萝卜和一块方火腿(图 10-3-2),然后将两种原料修成上宽下窄的梯形块(图 10-3-3)。

❷ **垫底** 将修完料形的下脚料切成细丝,垫出双拼的底座,中间用白萝卜修成的厚片隔开(图 10-3-4)。

❸ **切割料形** 将修好的料形用切刀切成 0.1 厘米的薄片(图 10-3-5),然后拼摆成一个扇形(图 10-3-6)。

❹ **拼摆** 首先拼摆出白萝卜的一面(图 10-3-7),再拼摆出方火腿的一面(图 10-3-8)。

❺ **成型** 将中间的白萝卜片抽去,双拼拼摆完成(图 10-3-9)。

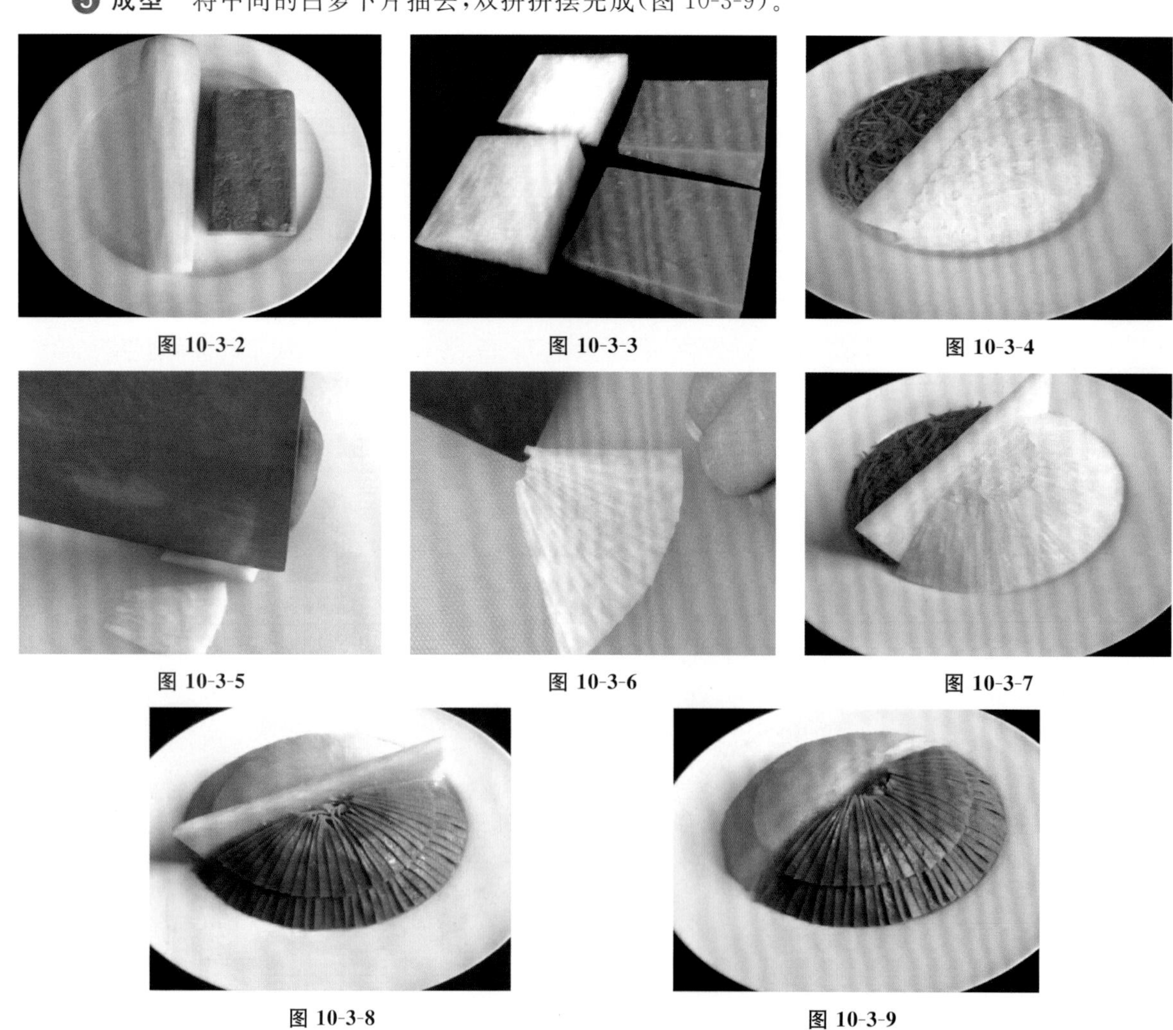

图 10-3-2　图 10-3-3　图 10-3-4

图 10-3-5　图 10-3-6　图 10-3-7

图 10-3-8　图 10-3-9

### 四、技术要领

1. 白萝卜和方火腿的料形要大小一致，以保证整体匀称美观。
2. 两部分的底座大小、高低要一致，中间缝隙断面要整齐。
3. 料形切片要薄厚均匀。
4. 扇面层次间距及弧度要均匀一致。

#### 知识拓展

运用双拼的拼摆手法，还可以制作哪些作品？可参照图 10-3-10、图 10-3-11。

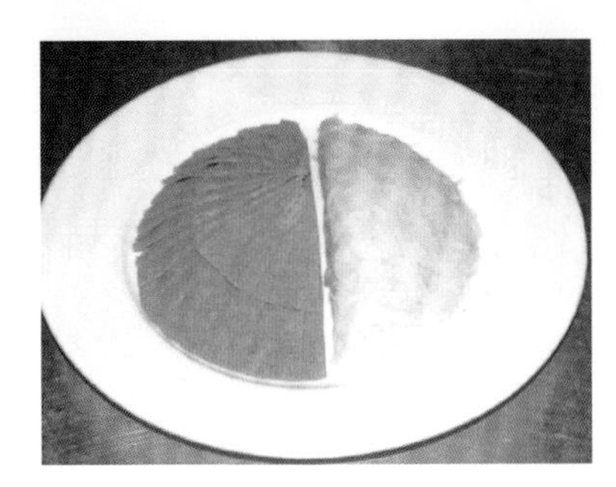
图 10-3-10

图 10-3-11

## 任务四　三　拼

#### 任务描述

在冷菜拼摆中，三拼是基础教学品种之一，一般选用三种不同的原料搭配在一起，运用叠、摆等技法，完成三拼的拼摆。在烹饪当中主要用于一些冷菜的装盘。

#### 任务目标

1. 掌握三拼的相关基础知识。
2. 能够运用拼摆手法，拼摆出层次清晰、刀面整齐的三拼造型。
3. 在完成三拼制作任务中，养成认真、细致、耐心的良好习惯。

#### 知识准备

三拼（图 10-4-1）就是将不同颜色、不同口味、不同原料的三种冷菜装在一个盘内，使之组合形成一个完美的整体。三拼中三种冷菜的色彩、大小、口味、数量、拼摆角度等方面都要安排恰当，其技术难度要比单拼、双拼复杂一些，常见的三拼类型有三角形、馒头形、桥梁形、菱形等。

图 10-4-1

## 任务实施

### 一、原料准备

方火腿、黄瓜、白萝卜。

### 二、工具准备

切刀、砧板等。

### 三、制作过程

❶ **选料** 选用两根新鲜的黄瓜、白萝卜和一块方火腿作为三拼的主要原料(图 10-4-2)。

❷ **拼摆黄瓜** 将黄瓜切成长段后,切下一厚片(图 10-4-3),然后改成梳子花刀(图 10-4-4),拼摆在盘内一侧(图 10-4-5)。

❸ **拼摆方火腿** 取一块方火腿,将其修成高 8 厘米、宽 4 厘米的拱桥形(图 10-4-6),然后再将剩余方火腿修形切成长 4 厘米、宽 1.5 厘米、厚 0.1 厘米的薄片(图 10-4-7),拼摆在底座上(图 10-4-8)。

❹ **拼摆白萝卜** 将白萝卜切成长 4 厘米、宽 0.8 厘米的长条(图 10-4-9),交叉摆在方火腿的另一侧(图 10-4-10)。

❺ **拼摆完成** 将拼摆好的三种原料稍加修整,拼摆完成(图 10-4-11)。

图 10-4-2

图 10-4-3

图 10-4-4

图 10-4-5

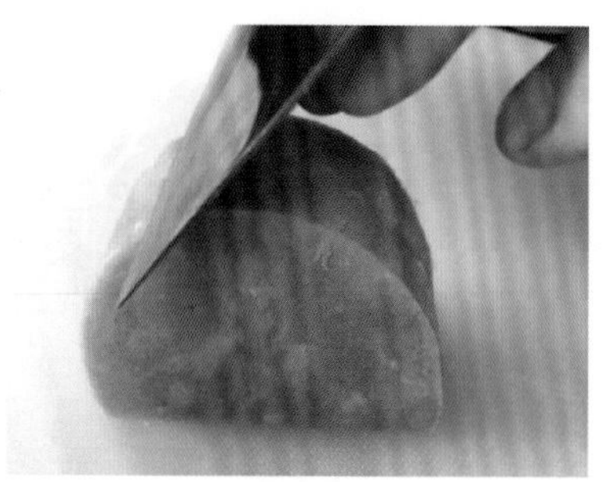

图 10-4-6

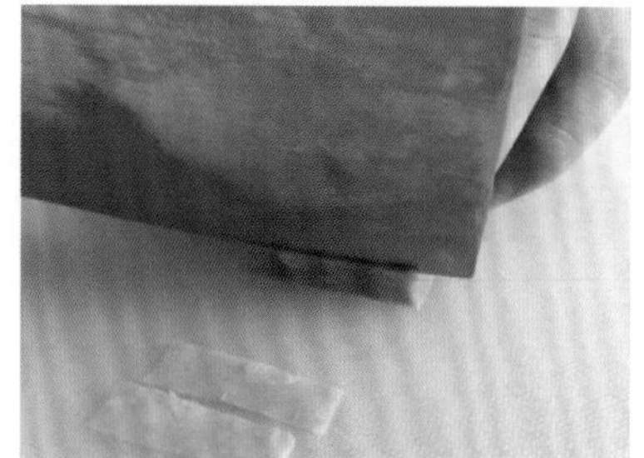

图 10-4-7

### 四、技术要领

1. 取料要合理,切片要大小一致,以保证整体匀称美观。
2. 三部分的原料宽窄、高低要一致,中间缝隙断面要整齐。
3. 方火腿的底座要结实,计算好高度与跨度。

图 10-4-8

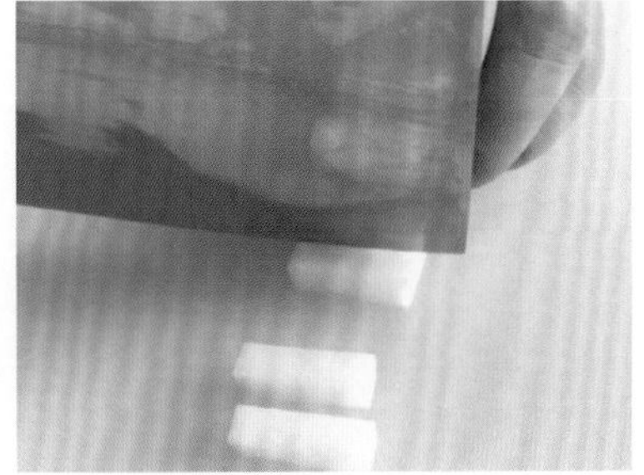

图 10-4-9

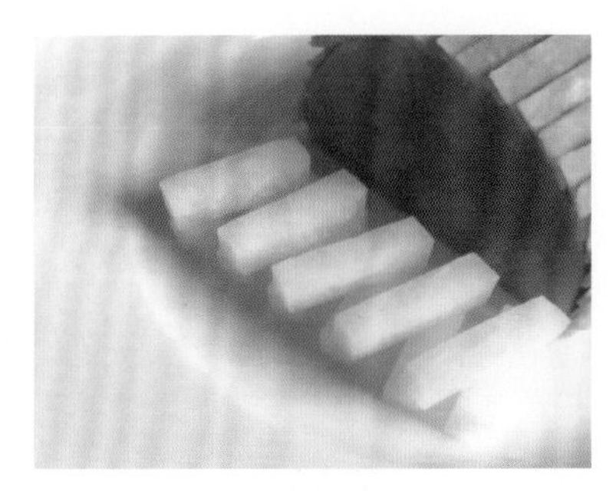

图 10-4-10

### 知识拓展

运用三拼的拼摆手法，还可以制作哪些作品？可参照图 10-4-12、图 10-4-13。

图 10-4-11

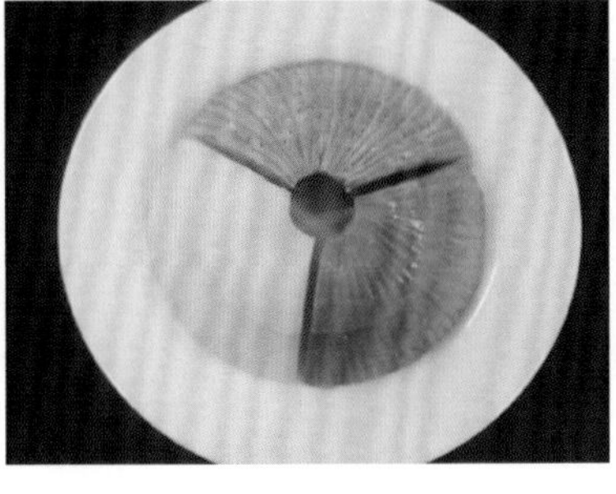

图 10-4-12

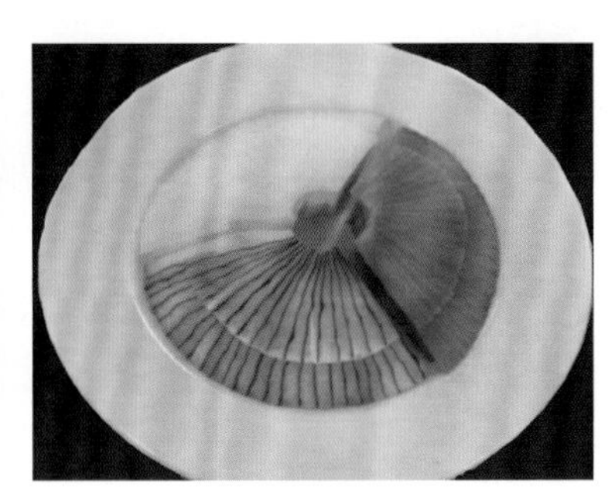

图 10-4-13

## 任务五　什锦拼盘

### 任务描述

在冷菜拼摆中，什锦拼盘是基础教学品种之一，一般选用四种以上不同的原料搭配在一起，运用叠、摆等技法，完成什锦拼盘的拼摆。在烹饪当中主要用于一些冷菜的装盘。

### 任务目标

1. 掌握什锦拼盘的相关基础知识。
2. 能够运用拼摆手法，拼摆出层次清晰、大小均匀的什锦拼盘造型。
3. 在完成什锦拼盘制作任务中，养成认真、细致、耐心的良好习惯。

### 知识准备

什锦拼盘(图 10-5-1)就是将多种不同的冷菜，经过刀工处理拼摆在一个圆盘内，这种拼盘比前几种的拼盘技术难度更大，它讲究刀工精细，色彩协调，口味搭配合理，数量比例恰当，器皿选择合适，拼盘图案悦目，造型整齐美观。其类型有圆形、五角星形、花朵形等。

## 任务实施

### 一、原料准备

黄瓜、白萝卜、心里美萝卜、鸡蛋干、红肠、方火腿、莴苣、芹菜、白萝卜卷(图 10-5-2)等。

图 10-5-1

### 二、工具准备

切刀、雕刻刀、砧板等。

### 三、制作过程

❶ **选料修形**　选用六种原料作为什锦拼盘的主要原料，然后将六种原料修成 10 厘米长的截面为长梯形的块(图 10-5-3)。

❷ **垫底**　将莴苣切成细丝，用盐腌渍后垫在盘底，再用红椒丝隔开，分成六等份(图 10-5-4)。

❸ **拼摆第一层**　首先将心里美萝卜切成 0.1 厘米的薄片，拼摆成扇形(图 10-5-5)，然后依次用剩余五种原料拼摆出第一层(图 10-5-6)。

❹ **拼摆第二层**　首先用莴苣丝垫出第二层的底座(图 10-5-7)，然后按照第一层的方法，拼摆出第二层(图 10-5-8)。

❺ **成型**　用白萝卜卷斜切成马蹄状，拼摆在中间位置上，然后再将烫熟的芹菜切成薄片，拼摆在四周(图 10-5-9)。

图 10-5-2

图 10-5-3

图 10-5-4

图 10-5-5

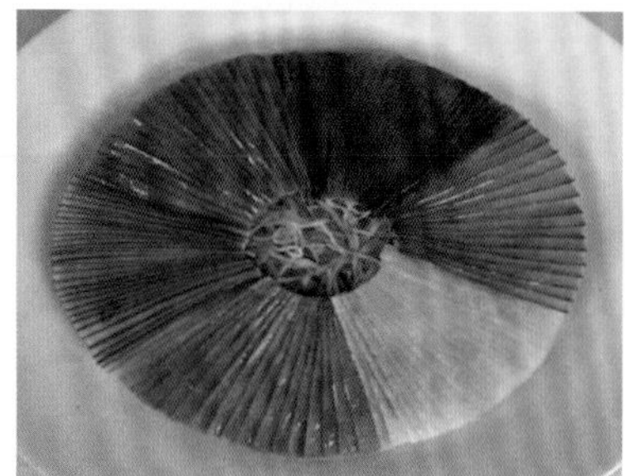

图 10-5-6

图 10-5-7

### 四、技术要领

1. 取料要合理，切片要大小一致，以保证整体匀称美观。
2. 六种原料宽窄、长短要一致，中间缝隙断面要整齐。

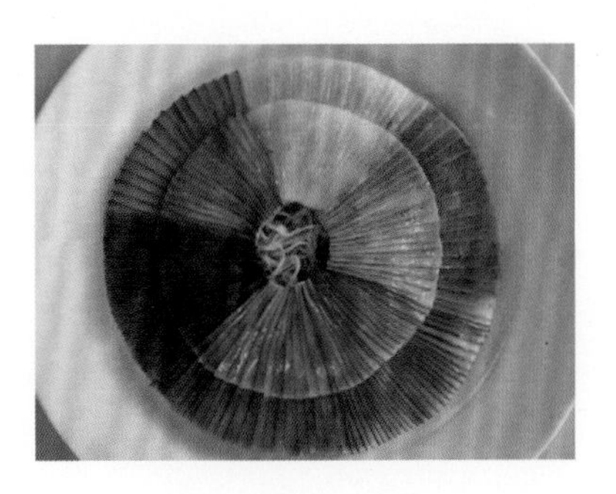

图 10-5-8

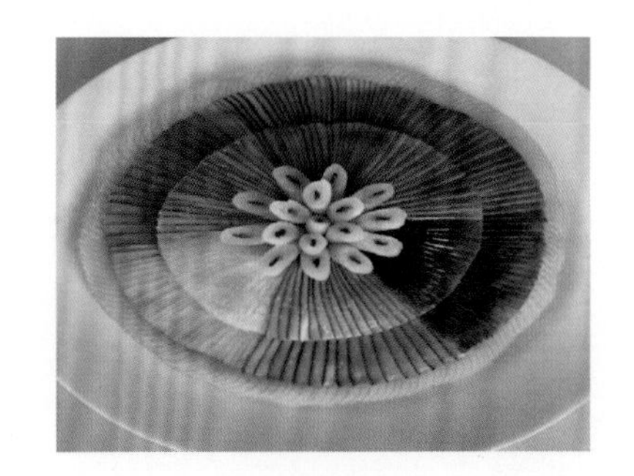

图 10-5-9

3. 要计算好六种原料拼摆区域的长度与宽度，保证每种原料拼摆区域相等。

## 知识拓展

运用什锦拼盘的拼摆手法，还可以制作哪些作品？可参照图 10-5-10、图 10-5-11。

图 10-5-10

图 10-5-11

# 项目十一 景观实物类冷拼

## 项目导学

本项目是冷拼课程的重要内容，也是本课程较难掌握的内容，主要介绍了常见景观实物类冷拼的色彩搭配，以及整体造型的创作设计，彰显烹饪工艺与“景物”结合的较高境界。通过系统学习造型要求、造型构图规律、制作原理，掌握冷拼综合技法，学生能力得到提高。

## 项目目标

知识教学目标：通过本项目的学习，学生能深入了解景观实物类冷拼的色彩搭配、造型设计知识。

能力培养目标：掌握景观实物类冷拼构图方法和技巧，处理好主体与衬托之间的主次关系，掌握造型元素大小与位置及色彩的布局技巧，能够独立制作任务中的冷拼品种，为下一阶段学习打好基础。

职业情感目标：让学生养成遵守规程、安全操作、整洁卫生的良好习惯，并正确认识冷菜拼摆的实用性，增强对本专业的情感认知。

## 任务一 假 山

### 任务描述

本任务主要介绍冷拼制作假山所需原料以及拼摆手法、技巧。假山是景观实物类冷拼中的基础类，也是很具代表性的造型之一，是整个冷拼课程里较为重要的内容。

在实际烹饪应用中，假山造型是雕刻、拼盘中常用的元素，假山的形状各式各样。一般多用鸡蛋干或方形火腿等原料进行拼摆雕刻。假山造型是冷拼中的一个基础造型，也是典型造型之一，是一种技术要求高、艺术性强的拼盘形式，其操作程序比较复杂，故一般只用于高档宴席。要求主题突出，图案新颖，形态生动，造型逼真，食用性强。

### 任务目标

1. 能够借助图片，雕刻出假山形状。
2. 掌握构图设计，原料大小控制原理和假山的拼摆方法。
3. 养成认真、细致、耐心的良好习惯。

## 知识准备

“绿水青山就是金山银山”。现实生活中，人们用山石及建筑材料制作假山，以改善居住环境。根据假山（图 11-1-1）山石材料的质地、纹理等不同，可分为湖石、黄石、青石、石笋、卵石等。湖石即太湖石，为石灰岩风化溶蚀而成，上面多有沟、缝、洞、穴等，因而形态玲珑剔透；黄石为细砂岩受气候风化逐渐分裂而成，故其体型敦厚、棱角分明、纹理平直；青石是青灰色片状的细砂岩，其纹理多为相互交叉的斜线；石笋为外形修长如竹笋的一类山石；卵石体态圆润，表面光滑。

图 11-1-1

## 任务实施

### 一、原料准备

白萝卜、胡萝卜、青萝卜、鸡蛋干、心里美萝卜、乳瓜、火腿肠（图 11-1-2）。

### 二、工具准备

砧板、切刀、雕刻工具。

### 三、制作过程

❶ **修型切片**　将胡萝卜、白萝卜、心里美萝卜、青萝卜改刀成水滴形并顶刀切片薄厚一致，如图 11-1-3 和图 11-1-4 所示。

❷ **拼摆**　四种原料均匀切片后码摆成扇形，依次叠加摆放在盘子的左侧，如图 11-1-5 所示。

❸ **收口**　将乳瓜顶刀切片码摆成 S 形压盖在山石的底部收底，以方火腿雕刻石头、青萝卜皮雕刻小草摆放在山石之间填空补色，如图 11-1-6 所示。

❹ **雕刻树枝**　取鸡蛋干雕刻松树枝并摆放在山石顶处，树枝的走向与山石相反，这样画面会更加丰满，如图 11-1-7 所示。

❺ **雕刻装饰**　将乳瓜横向改刀取三分之一原料连刀切片，码摆扇形摆放在树梢处。用胡萝卜雕刻月牙与云带、小草点缀山石底部的空缺即可，如图 11-1-8 至图 11-1-10 所示。

图 11-1-2

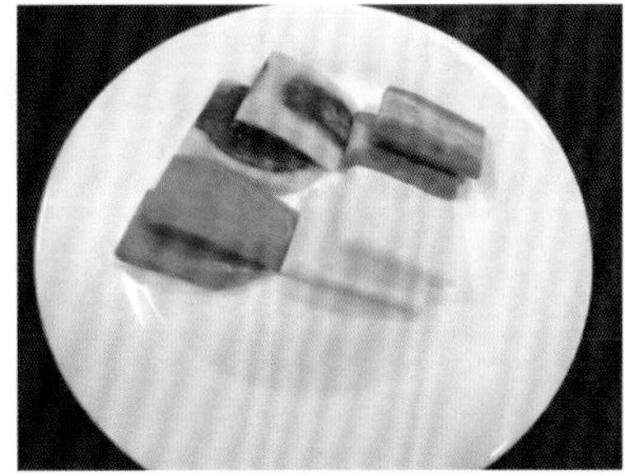

图 11-1-3

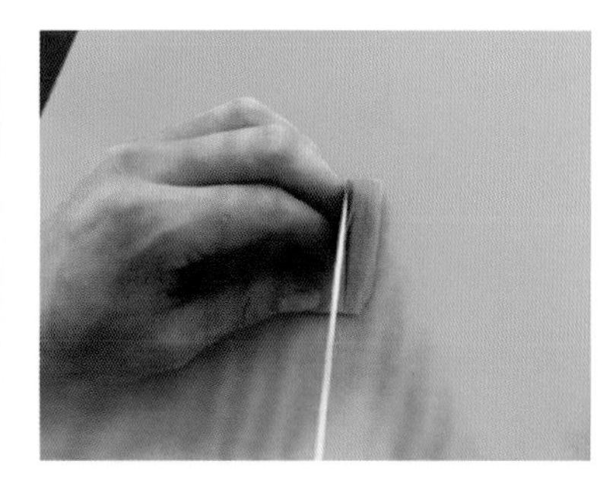

图 11-1-4

### 四、技术要领

1. 拼摆假山时要大小不同、错落有致，颜色搭配合理。

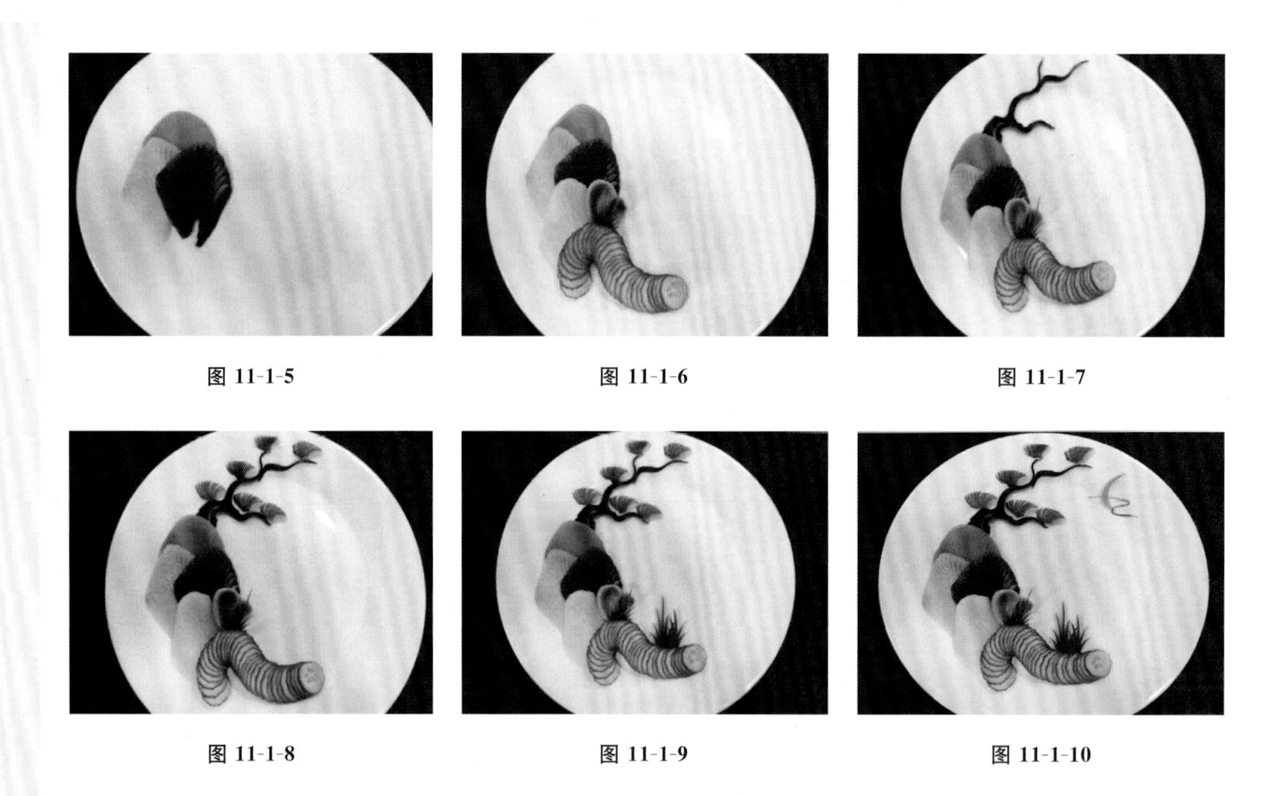

图 11-1-5　图 11-1-6　图 11-1-7

图 11-1-8　图 11-1-9　图 11-1-10

2. 进行收底时不宜过大。

3. 树枝形状要优美、逼真。

## 知识拓展

运用假山的拼摆手法，还可以制作哪些作品？可参照图 11-1-11、图 11-1-12。

图 11-1-11

图 11-1-12

# 任务二 折　扇

## 任务描述

折扇是扇形拼盘的典型，主要学习扇形的拼摆方法和技巧，任务中胡萝卜切片，借助扇形模型制作扇面，并且巧妙地利用扇形的拼摆方式拼摆出扇骨，并将“假山”融入作品中，使画面整体感增强。

## 任务目标

1. 能够自制模具，并借助模具拼摆扇形。
2. 掌握折扇的垫底和拼摆方法。
3. 养成认真、细致、耐心的良好习惯。

## 知识准备

当代，必须把马克思主义基本原理同中华优秀传统文化相结合，才能正确回答实践提出的重大问题。先让我们通过折扇，了解看不见的折扇文化。折扇（图 11-2-1）又名“撒扇”“纸扇”等，是一种用竹木或象牙做扇骨、韧纸或绫绢做扇面的能折叠的扇子；用时须撒开，成半规形，聚头散尾。扇子在殷代就已出现。北宋，则出现了方便携带的折扇。到了南宋时期，国内的匠人们熟悉了这种折扇的制作工艺，开始出现制作、销售的店铺，不过工艺比较粗糙，还只是普通人手中的器物。明代，折扇才真正流行起来。折扇经常被作为代表中国文化的物品馈赠给好友。

## 任务实施

### 一、原料准备

胡萝卜、青萝卜、心里美萝卜、鸡蛋干、黄瓜、红椒、黄椒（图 11-2-2）等。

### 二、工具准备

尺子、卡纸、砧板、菜刀、雕刻工具等。

图 11-2-1

### 三、制作过程

❶ **制作模具**　利用尺子、卡纸等工具制作一个扇形模具备用。

❷ **垫底**　取一大片青萝卜，借助模具修成扇形（图 11-2-3、图 11-2-4）。

❸ **拼摆扇骨**　将青萝卜切片，捏住在 1/4 处，搓开呈扇形，移到盘中（图 11-2-5）。

❹ **拼摆扇面**　将胡萝卜切成长截面为梯形的块，放入盐水中浸泡片刻后捞出切片，一片片摆成扇形，再次借助模具修整成扇形后用刀移到扇面的位置（图 11-2-6 至图 11-2-8）。

❺ **拼摆假山**　将青萝卜、胡萝卜、心里美萝卜修成水滴形，切片后搓开，鸡蛋干切片，萝卜卷切菱形，摆成“假山”（图 11-2-9 至图 11-2-11）。

❻ **装饰**　用红椒切出扇子流苏，青萝卜皮雕刻出小草等装饰即成（图 11-2-12、图 11-2-13）。

### 四、技术要领

1. 垫底不能太厚，否则扇子就会很笨重。
2. 扇面的拼摆要注意角度的变化，扇面的胡萝卜片要与扇骨呈直线。
3. 先摆放扇骨，再摆放扇面。

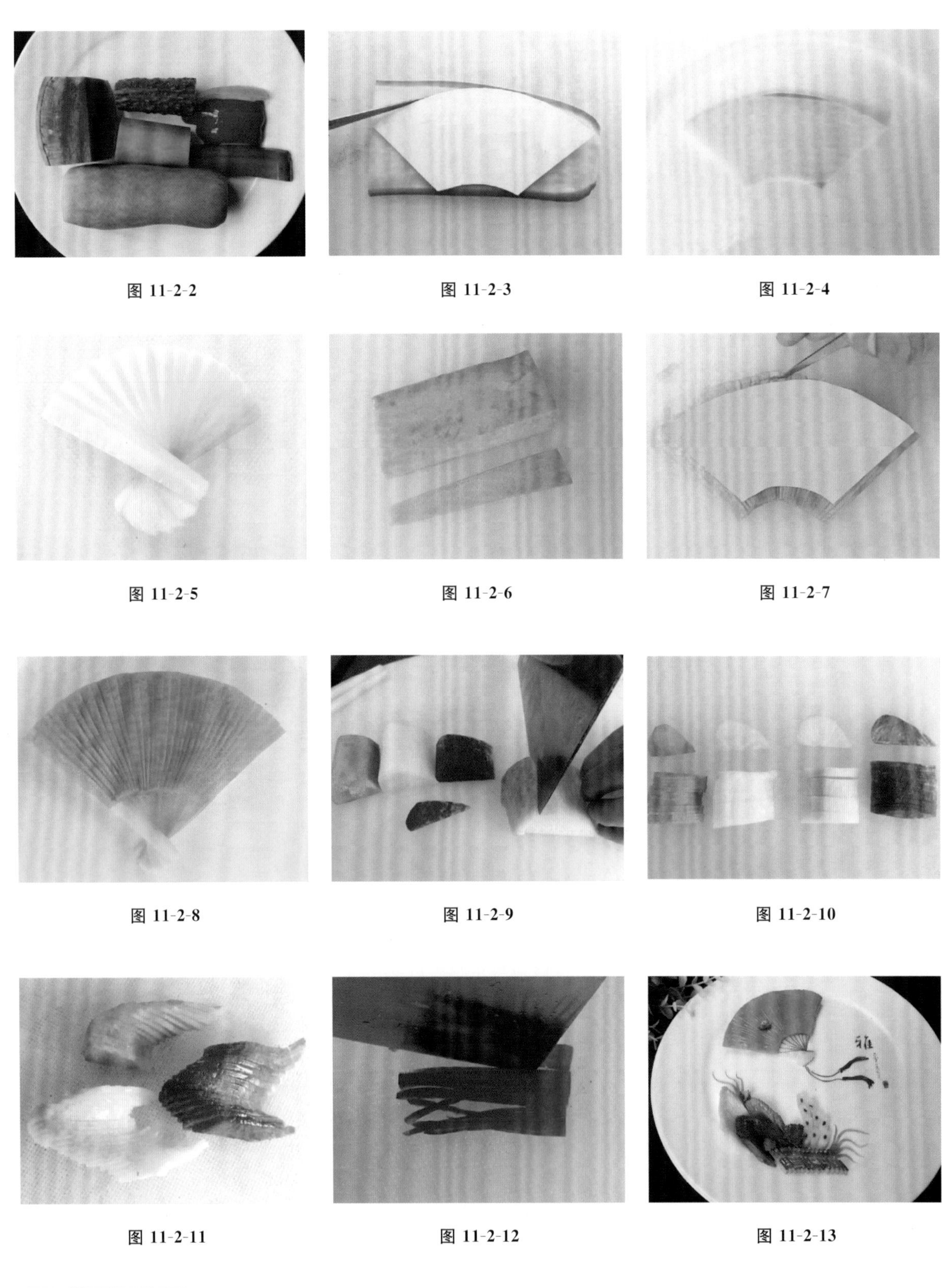

图 11-2-2　图 11-2-3　图 11-2-4

图 11-2-5　图 11-2-6　图 11-2-7

图 11-2-8　图 11-2-9　图 11-2-10

图 11-2-11　图 11-2-12　图 11-2-13

## 知识拓展

以扇子为元素，还可以制作哪些作品？可参照图 11-2-14 至图 11-2-16。

Note

图 11-2-14

图 11-2-15

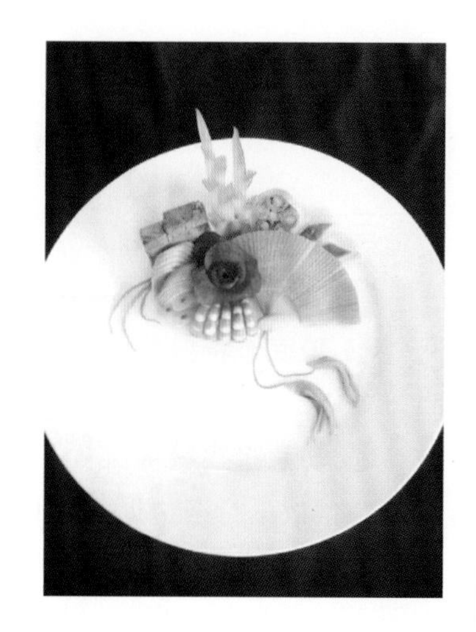

图 11-2-16

# 任务三　芭　蕉　扇

## 任务描述

芭蕉扇的扇面是以中线为轴的对称图形，是轴对称图形的典型之一，通过将胡萝卜、白萝卜、莴苣等原料切片，左扇面和右扇面分别拼摆整齐后再修整，然后拼摆成整体的一个作品。

## 任务目标

1. 掌握芭蕉扇的拼摆方法和对称图形的拼摆要点。
2. 能运用拉刀法加工莴苣、白萝卜。
3. 养成认真、细致、耐心的良好习惯。

## 知识准备

中国传统文化和生活用品中，芭蕉扇(图 11-3-1)曾是国人纳凉不可缺少的物品。很多绘画图书里都能看到它的身影。其中最经典的是名著《西游记》里的“孙悟空三调芭蕉扇”。一把芭蕉扇的神奇留给人们无尽的回味和快乐。将芭蕉扇运用于冷拼当中，给冷拼增添了神话趣味。

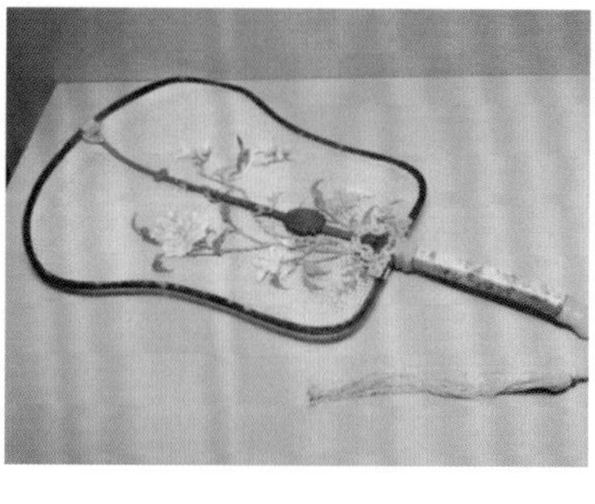

图 11-3-1

## 任务实施

### 一、原料准备

胡萝卜、白萝卜、莴苣、心里美萝卜、鸡蛋干(图 11-3-2)。

## 二、工具准备

剪刀、卡纸、砧板、菜刀、雕刻工具等。

## 三、制作过程

❶ **制作模具** 用剪刀、卡纸制作芭蕉扇的模具备用。

❷ **垫底** 将白萝卜切成细丝，盐水泡软后挤去多余的水分，在砧板上修成芭蕉扇的形状，如图 11-3-3 所示，然后移到盘中，表面切萝卜片覆盖（基本呈芭蕉扇形）。

❸ **切片拼摆** 将白萝卜、胡萝卜、莴苣、鸡蛋干分别修成截面是长方形的块，然后切片，并将切好的片摆成平行四边形，如图 11-3-4、图 11-3-5 所示。

❹ **修整成型** 将事先剪好的模具对折，放在摆好的片上面，沿着模具的边缘将多余的料切掉，如图 11-3-6 所示。用刀铲起放在垫好的底上面。用同样的方法拼摆另一半。

❺ **装饰点缀** 用心里美萝卜切出流苏，如图 11-3-7 所示。借助雕刻工具，雕刻手柄、铜钱等装饰品，摆放到适当的位置即成，如图 11-3-8 至图 11-3-10 所示。

图 11-3-2

图 11-3-3

图 11-3-4

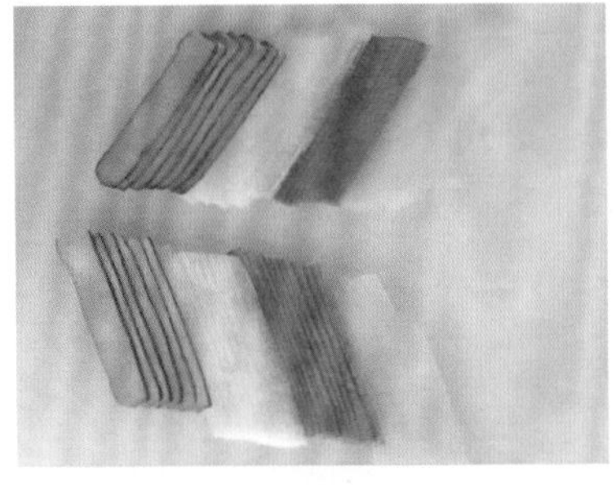

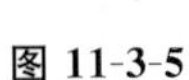

图 11-3-5

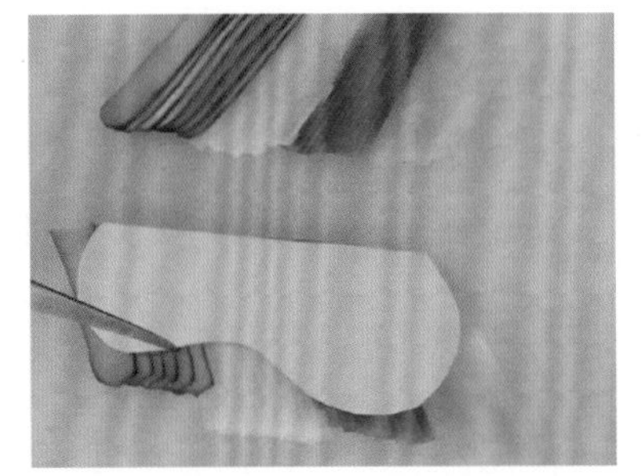

图 11-3-6

图 11-3-7

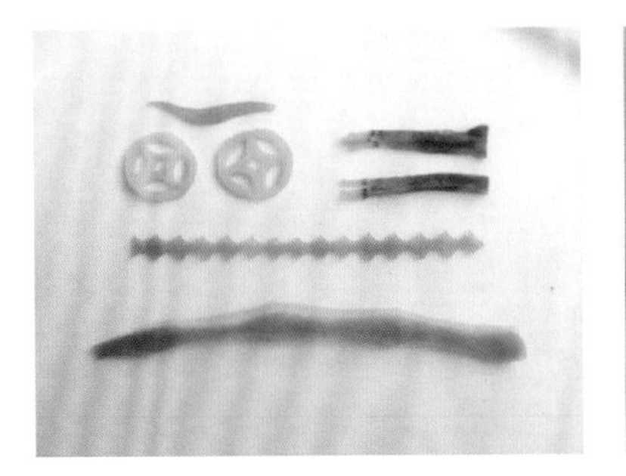

图 11-3-8

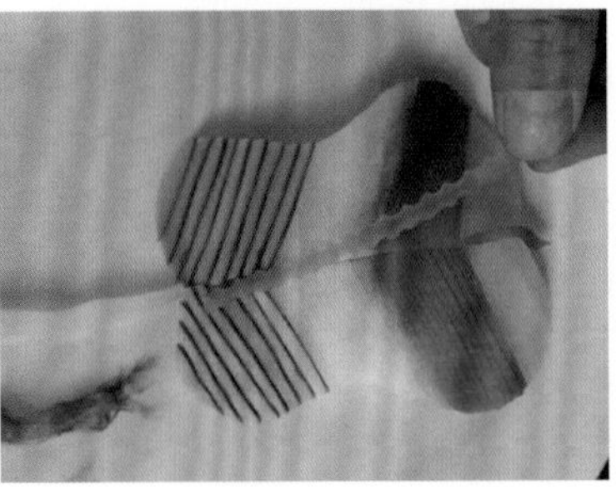

图 11-3-9

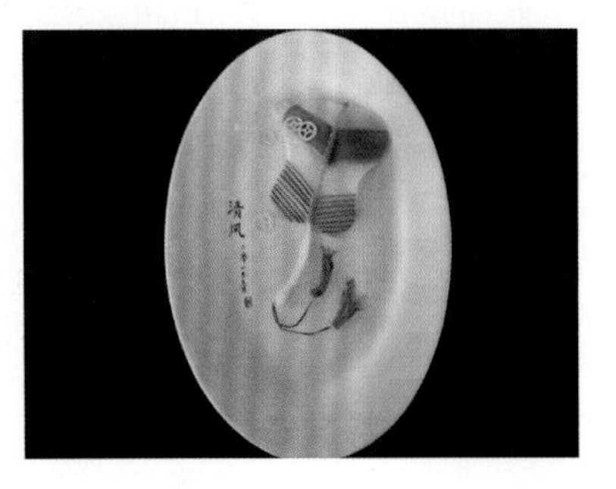

图 11-3-10

## 四、技术要领

1. 扇面的片呈“V”形对称，片与“对称轴”成 60°左右的角平行拼摆。
2. 垫底材料尽量中间高，两头低，可增加立体感。
3. 每种原料的片数要相同，拼摆的间距要一致，这样才能完全对称。

### 知识拓展

芭蕉扇在用料、造型上还可以有哪些变化？可参照图 11-3-11、图 11-3-12。

图 11-3-11

图 11-3-12

## 任务四　庭　院

### 任务描述

庭院是冷拼中山水园林的典型，本任务主要学习庭院的拼摆方法和技巧。本任务中借助徽派建筑为原型，充分体现了庭院建筑雕刻的特点，画面整体感增强。徽派建筑与江南建筑的造型训练则是本任务的重点之一，是本项目的一个难点内容。

### 任务目标

1. 能够借助图片，雕刻出房檐与屋顶造型。
2. 掌握构图设计，原料大小控制原理和房檐拼摆方法。
3. 养成认真、细致、耐心的良好习惯。

### 知识准备

徽派建筑(图 11-4-1)是中国古建筑非常重要的流派之一，徽派建筑并非指安徽的建筑，指的是

主要流行于钱塘江上游的新安江流域的徽州地区的建筑。徽派建筑集徽州山川风景之灵气，融风俗文化之精华，风格独特，结构严谨，雕镂精湛，不论是村镇规划构思，还是平面及空间处理、建筑雕刻艺术的综合运用等，都充分体现了鲜明的地方特色。徽派建筑在造型、空间结构和空间利用上，讲究形态丰富，以马头墙、小青瓦最有特色。

图 11-4-1

党的二十大报告提出："加大文物和文化遗产保护力度，加强城乡建设中历史文化保护传承"。我们也提倡保护历史，尤其是对于一些历史古建筑，更应该珍惜，因为这是古人们智慧的体现。

## 任务实施

### 一、原料准备

白萝卜、胡萝卜、心里美萝卜、青萝卜、乳瓜、鸡蛋干、方火腿、火腿肠(图 11-4-2)等。

### 二、工具准备

砧板、切刀、雕刻工具。

### 三、制作过程

❶ **雕刻墙体** 将心里美萝卜、白萝卜、青萝卜修成徽派建筑的墙面，薄厚要统一，宽窄要一致，如图 11-4-3 所示。

❷ **雕刻房顶** 用鸡蛋干雕刻徽派建筑侧面墙体的屋檐、人形屋檐，要注意上尖下宽，如图11-4-4所示。另取一片鸡蛋干制作马头墙墙体的屋檐，用 O 型拉刀拉刻出屋檐的房瓦如图 11-4-5 所示。将三种不同墙体的原料，用切刀均匀切片，要求薄厚一致。

❸ **房屋拼摆** 切好的三个墙体依次间隔开有层次的摆放在盘子的一边，如图 11-4-6 所示，为了有更好的视觉效果将正面的马头墙放在中间，三个屋檐摆放在墙体顶端，如图 11-4-7 所示。

❹ **制作山石和窗户** 用方火腿雕刻成太湖石摆放在墙体下，用胡萝卜制作圆形与方形窗户以修饰墙面，如图 11-4-8 所示。

❺ **装饰** 火腿肠与心里美萝卜改刀成水滴形并切片码摆成扇形摆放于墙体下方，胡萝卜修成圆柱形切片收底摆放。用法香将原料之间的空隙填补，乳瓜与胡萝卜制作远景山峰、红日、大雁来修饰整个作品即可，如图 11-4-9 所示。

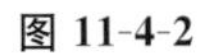

图 11-4-2

图 11-4-3

图 11-4-4

图 11-4-5

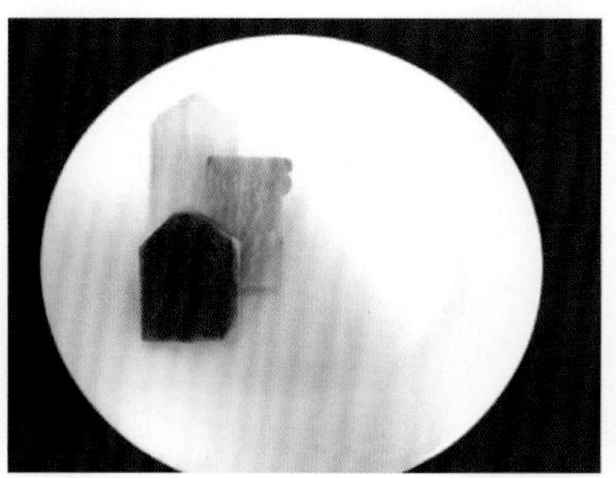

图 11-4-6

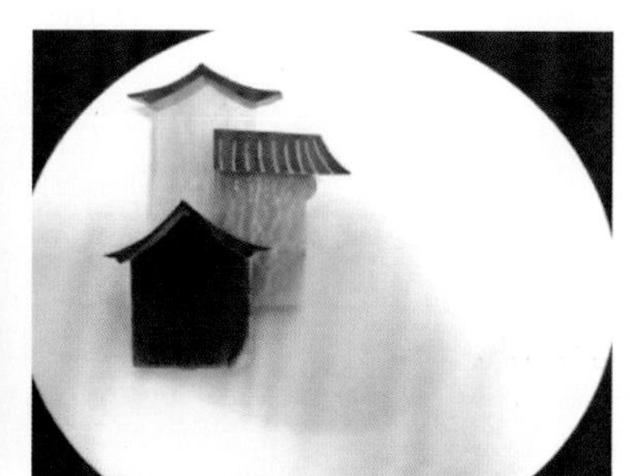

图 11-4-7

图 11-4-8

图 11-4-9

### 四、技术要领

1. 墙面笔直端正，表面纹路清晰，屋檐形状逼真形象。
2. 屋檐要求刀工精细，纹路清晰。
3. 注意色彩搭配，构图合理。

### 知识拓展

运用庭院的拼摆手法，还可以制作哪些作品？可参照图 11-4-10、图 11-4-11。

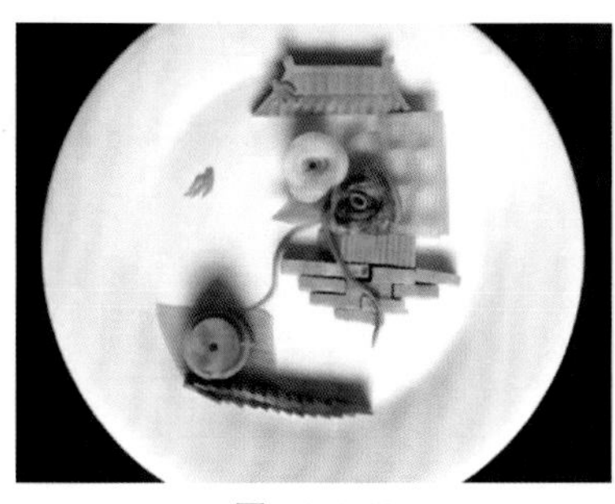

图 11-4-10

图 11-4-11

## 任务五　小　桥

### 任务描述

烹饪造型艺术应用中，小桥是雕刻、冷拼作品中常用的元素，小桥的形状各式各样，但属石拱桥

造型使用最广泛。一般多选用白萝卜雕刻打底、鸡蛋干铺面拼摆的拼摆手法。

## 知识目标

1. 能够借助图片,雕刻出小桥造型。
2. 掌握原料大小控制得当的原理和小桥拼摆方法。
3. 养成认真、细致、耐心的良好习惯。

## 知识准备

中国山川众多、江河纵横,是桥梁大国,在古代无论是建桥技术,还是桥梁数量都处于世界领先地位。千百年来,桥梁(图 11-5-1)早已成为人们社会生活中不可缺少的组成部分。但由于我国幅员辽阔,从南到北、从东到西,在地理气候、文化习俗以及社会生产力发展水平上,都存在较大的差异。因此,各地区立足于自己的实际条件和根据自己的需要,经过较长的时间,创造出多种多样的桥梁形式,并逐步形成了自己的特色。

图 11-5-1

## 任务实施

### 一、原料准备

白萝卜、胡萝卜、青萝卜、心里美萝卜、火腿肠、鸡蛋干、乳瓜、樱桃萝卜(图 11-5-2)。

### 二、工具准备

砧板、切刀、雕刻工具。

### 三、制作过程

❶ **雕刻桥身** 选用一段白萝卜切出小桥的大形,如图 11-5-3 所示,再将大形修整圆滑。在小桥表面画出三个桥洞,一大两小,如图 11-5-4 所示,用 U 型戳刀戳出桥洞之后摆放到盘中。

❷ **拼摆桥面** 将鸡蛋干切成比桥面略窄的长条,然后切成薄皮一片压一片摆出阶梯状,移放到桥上面,如图 11-5-5 所示。再用切刀把乳瓜皮切成长条,用刻刀雕刻出护栏摆放到小桥桥体大形上面即成,如图 11-5-6 所示。

❸ **拼摆假山** 将胡萝卜等六种原料切成长短不一的水滴形薄片码摆成山形,由高往低、由后往前地拼摆出假山造型,如图 11-5-7、图 11-5-8 所示。

❹ **雕刻装饰** 将提前制作好的荷叶、水波纹、路基石、小船等放到盘中对应的位置即成,如图 11-5-9 所示。

### 四、技术要领

1. 小桥台阶分布均匀、刀工精细。
2. 注意山体选料色彩的搭配,构图应合理。
3. 制作假山要求刀工精细,纹路清晰,成立体式拼摆。

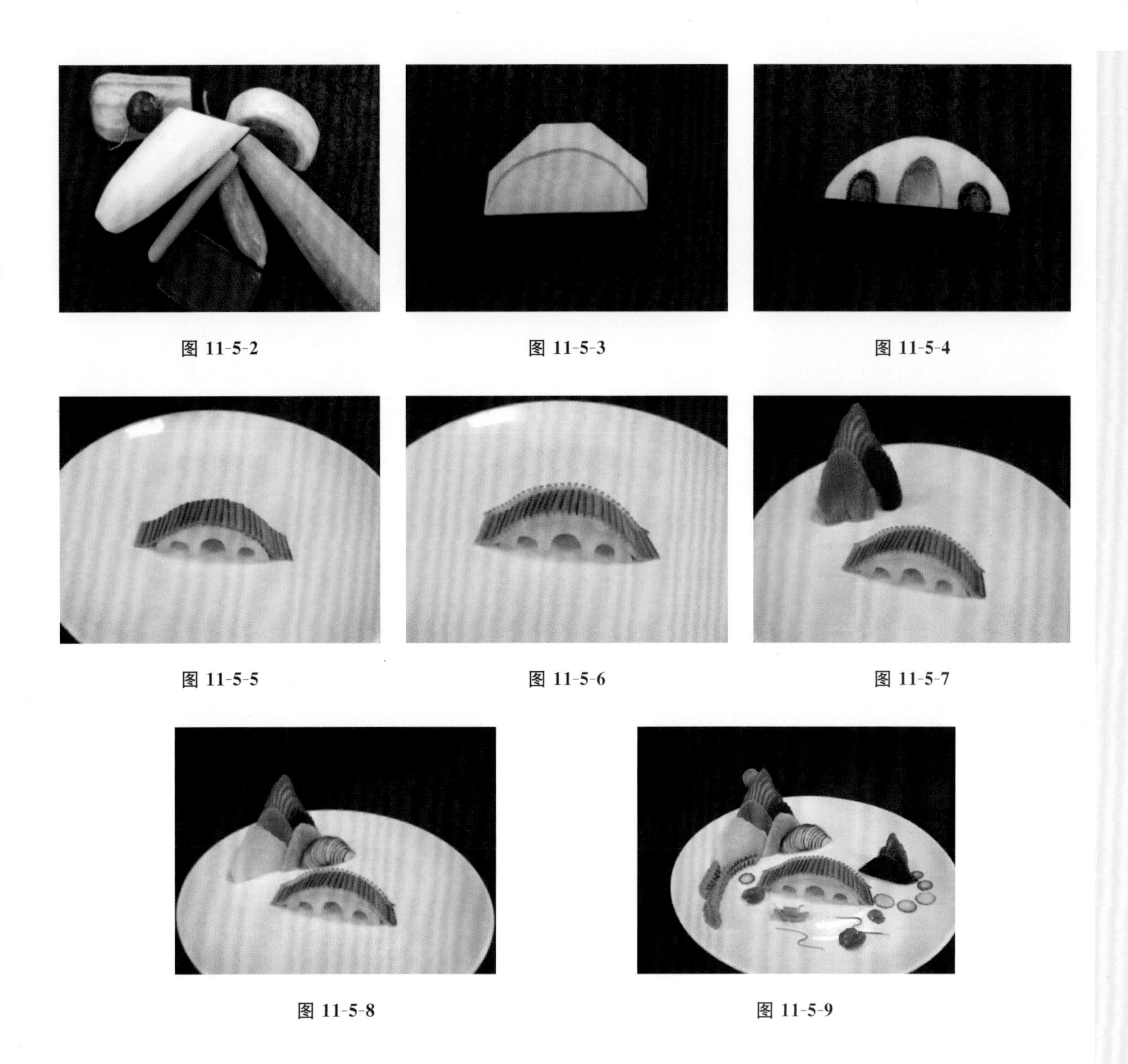

图 11-5-2　图 11-5-3　图 11-5-4

图 11-5-5　图 11-5-6　图 11-5-7

图 11-5-8　图 11-5-9

## 知识拓展

运用小桥的拼摆手法，还可以制作哪些作品？可参照图 11-5-10、图 11-5-11。

图 11-5-10

图 11-5-11

# 植物象形类冷拼

## 项目导学

本项目是冷拼课程的重要内容，也是本课程比较难掌握的内容，比一般冷拼步骤复杂。本项目主要介绍了常见的植物象形类冷拼，根据冷拼制作造型的原则与要求绘制冷拼造型图案，按照冷拼的拼摆步骤和制作手法完成造型。系统学习造型要求、造型构图规律、制作原理的冷拼综合技法，为学生以后创新主题艺术冷拼打下坚实基础。

## 项目目标

知识教学目标：通过本项目的学习，使学生深入了解植物象形类冷拼的色彩搭配、造型设计知识。

能力培养目标：掌握植物象形类冷拼构图方法和技巧，能够运行冷拼拼摆步骤、制作方法独立完成冷拼制作任务，突出植物象形类冷拼的造型和美感，同时掌握冷拼保鲜的方法。

职业情感目标：让学生养成遵守规程、安全操作、整洁卫生的良好习惯，并正确认识冷菜拼摆的实用性，增强对本专业的情感认知。

## 任务一 梅花盆景

### 任务描述

在实际烹饪应用中，树枝是雕刻、拼盘中常用的素材，梅花树枝婀娜多姿，是树枝中典型的代表。一般用灰色的琼脂膏或者鸡蛋干来制作梅花的树干，花盆则是本任务的重点之一，用白萝卜丝垫底，白萝卜盖面。

### 任务目标

1. 能够借助图片，雕刻出梅花树枝。
2. 掌握花盆的垫底和拼摆方法。
3. 养成认真、细致、耐心的良好习惯。

## 知识准备

梅花是一种生命力比较顽强的植物，它象征着坚强、谦虚的精神，还是高洁、超凡脱俗的代表。铁骨铮铮的梅花不畏严寒正是党的二十大报告提出的“增强全党全国各族人民的志气、骨气、底气”“知难而进、迎难而上”“全力战胜前进道路上各种困难和挑战”的体现。

梅花（图 12-1-1）神韵非凡，风姿潇洒，花色清丽，自古以来是文人墨客很喜欢借物咏志的物品。梅花是我国特有的名贵树木。一般的梅花是以淡粉色或白色为主，在每年的冬季或早春开放。梅花盆景（图 12-1-1）看上去古老而简单，梅桩讲究虬曲挺立，姿态古雅，枝条稀疏。

图 12-1-1

## 任务实施

### 一、原料准备

胡萝卜、白萝卜、青萝卜、心里美萝卜、鸡蛋干、黄椒（图 12-1-2）等。

### 二、工具准备

砧板、菜刀、雕刻工具。

### 三、制作过程

❶ **垫底**　将白萝卜切成细丝，盐水泡软后挤去多余的水分，在砧板上修成花盆的形状，然后移到盘中，如图 12-1-3 所示。

❷ **拼摆花盆**　将白萝卜切成截面为梯形的块，长度比白萝卜丝修成的坯略长，然后切成薄片，并一片片拼摆起来，移到白萝卜丝上面，如图 12-1-4、图 12-1-5 所示。将胡萝卜、青萝卜切长片以装饰花盆边缘，如图 12-1-6 所示。

❸ **雕刻树枝**　取鸡蛋干表皮，刻出树枝，将心里美萝卜用 U 型拉刀刻出梅花，用黄椒制作花心，摆放在树枝上，如图 12-1-7、图 12-1-8 所示。

❹ **拼摆砖块、装饰**　将去除表皮后的鸡蛋干，切长“砖块”，摆放在花盆下方。最后用青萝卜制作小草装饰即可，如图 12-1-9、图 12-1-10 所示。

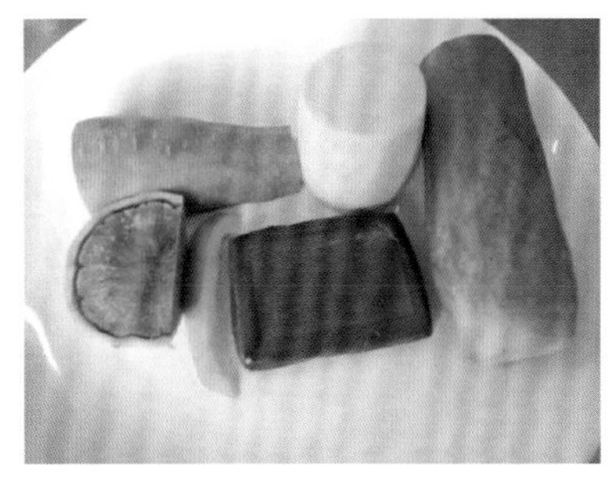

图 12-1-2

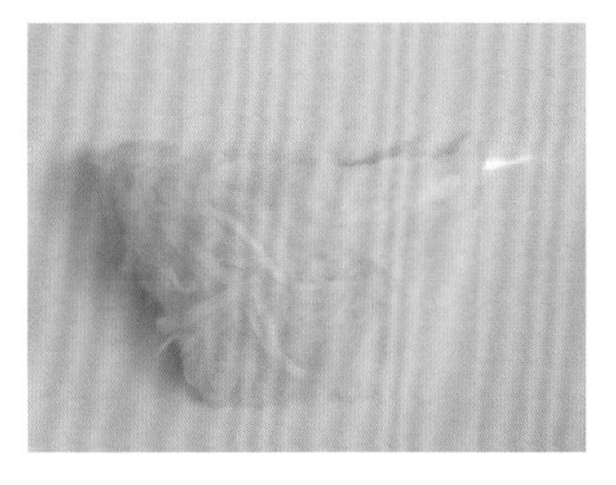

图 12-1-3

图 12-1-4

### 四、技术要领

1. 要尽量挤去白萝卜丝多余的水，否则水会慢慢渗到盘中。

图 12-1-5　图 12-1-6　图 12-1-7

图 12-1-8　图 12-1-9　图 12-1-10

2. 花盆要上边粗、下边细，上边高、下边底。

3. 拼摆花盆的白萝卜拼摆完后要在砧板上用刀修整边缘，使之整齐，后再移到白萝卜丝上。

4. 注意构图合理，花、树枝、小草、花盆大小比例恰当。

## 知识拓展

运用梅花盆景的拼摆手法，还可以制作哪些作品？可参照图 12-1-11、图 12-1-12。

图 12-1-11

图 12-1-12

# 任务二　马　蹄　莲

## 任务描述

在实际烹饪应用中，马蹄莲造型是雕刻、冷拼中常用的元素，马蹄莲的形状各式各样。一般多用蛋白糕或白萝卜、心里美萝卜等原料进行拼摆雕刻。

## 任务目标

1. 能够借助图片，拼摆出马蹄莲花卉形状。
2. 掌握构图设计，原料大小控制原理和马蹄莲花卉的拼摆方法。
3. 养成认真、细致、耐心的良好习惯。

## 知识准备

同项目三任务二。

## 任务实施

### 一、原料准备

白萝卜、胡萝卜、青萝卜、心里美萝卜、乳瓜、西蓝花、芹菜(图 12-2-1)。

### 二、工具准备

砧板、切刀、雕刻工具。

### 三、制作过程

❶ **制作假山**　首先将心里美萝卜、白萝卜、青萝卜、胡萝卜切成一指厚的片改刀成水滴形切片。切好的片码摆成整齐的扇形，然后再依次叠压摆放成假山，乳瓜顶刀切片码摆成 S 形与西蓝花一同给山石收底，如图 12-2-2 至图 12-2-5 所示。

❷ **制作枝干、绿草**　用芹菜雕刻马蹄莲的枝干，青萝卜皮雕刻绿草装点在山石之上，如图 12-2-6。

❸ **制作花瓣**　取白萝卜或心里美萝卜修成水滴形，然后切连刀片，如图 12-2-7 所示，食指与中指夹住水滴片上端用力翻转使其形成马蹄莲花瓣形状并摆入盘中，如图 12-2-8、图 12-2-9 所示。用胡萝卜片雕刻马蹄莲花芯，如图 12-2-10 所示。再用白萝卜或心里美萝卜切连刀水滴片反向制作马蹄莲另一半花瓣，调整好花瓣细节后用乳瓜皮切连刀片制作马蹄莲花托，如图 12-2-11 至图 12-2-13 所示。

❹ **成型**　用同样的手法制作另一款颜色不同的马蹄莲摆至枝干上即成，如图 12-2-14、图 12-2-15 所示。

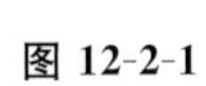

图 12-2-1

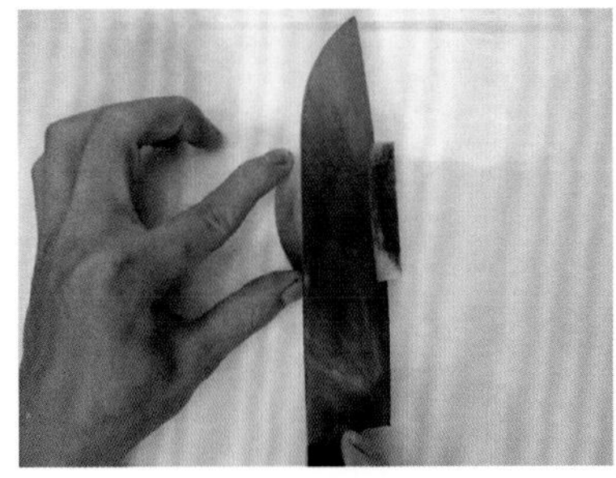

图 12-2-2

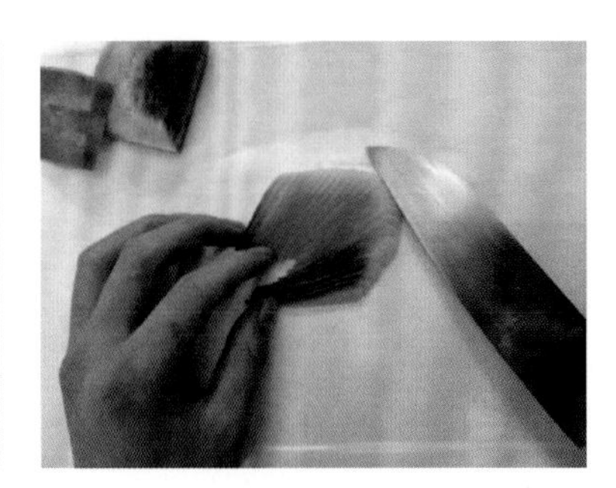

图 12-2-3

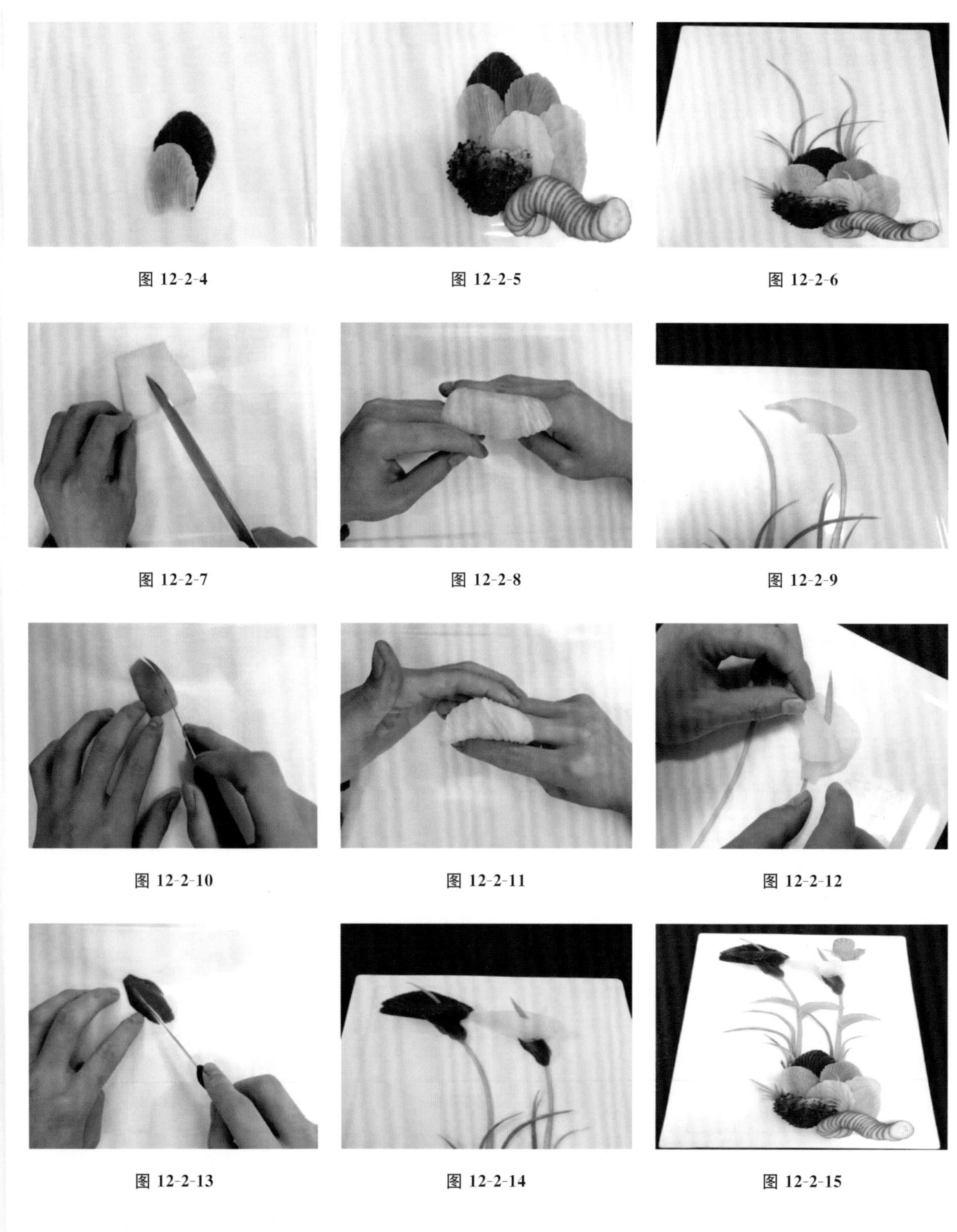

图 12-2-4　图 12-2-5　图 12-2-6

图 12-2-7　图 12-2-8　图 12-2-9

图 12-2-10　图 12-2-11　图 12-2-12

图 12-2-13　图 12-2-14　图 12-2-15

## 四、技术要领

1. 马蹄莲花瓣翻转弯曲后要自然美观。
2. 进行收底时不宜过大。
3. 树枝与绿草形状要优美、形象、逼真。

## 知识拓展

运用马蹄莲的拼摆手法，还可以制作哪些作品？可参照图 12-2-16、图 12-2-17。

图 12-2-16

图 12-2-17

# 任务三 荷 叶

## 任务描述

荷叶是冷拼中经常用到的元素，常用于拼摆荷叶的原料有青萝卜、黄瓜，本次任务选用乳瓜为主料进行拼摆，荷叶的垫底是采用白萝卜雕刻方法（还可以用切丝垫底）。要求荷叶呈不规则的圆形，边缘高低起伏，立体感强。

## 任务目标

1. 了解荷叶的特点。
2. 能运用拉刀法快速拉切乳瓜片并掌握荷叶的制作方法。
3. 养成认真、细致、耐心的良好习惯。

## 知识准备

图 12-3-1

荷叶（图 12-3-1）为睡莲科植物莲的叶，有着多层寓意。其在淤泥中生长，却依旧保持着干净的外表，所以这种出淤泥而不染的品质寓意着清廉纯净。荷叶之间紧凑而生，寓意着和睦以及团结，古时友人离别之际会折荷叶互赠，代表着自己对友人的思念之情，希望友人能够早日归来相见，所以荷叶也是深厚友谊的代表。荷叶的生长也寓意着开枝散叶，象征着儿孙满堂、其乐融融，碧绿的颜色及其姿态充满着活力与生机，也代表着万物生生不息。

冷拼中，也常常会看到荷叶，做鱼、做鹤等一般都要用荷叶做

衬托。

## 任务实施

### 一、原料准备

乳瓜、胡萝卜、白萝卜(图 12-3-2)等。

### 二、工具准备

砧板、菜刀、雕刻工具。

### 三、制作过程

❶ **雕刻底座** 取一段约 2 厘米高的白萝卜,修成圆柱体,然后再去除一块圆锥体的料,使萝卜中间低、四周高,如图 12-3-3 所示。

❷ **修块切片** 将乳瓜切段(长度与白萝卜底座的直径相等),如图 12-3-4 所示,取块修整后用拉刀法切成整齐不乱的片待用,如图 12-3-5、图 12-3-6 所示。

❸ **拼摆** 分次取切好片的乳瓜,搓开呈扇形,移至底座上,拼摆成荷叶,如图 12-3-7 至图 12-3-9 所示。

❹ **修整点缀** 修整荷叶边缘,使之高低起伏。雕刻小蝌蚪、水纹,用果酱写字即可,如图 12-3-10 所示。

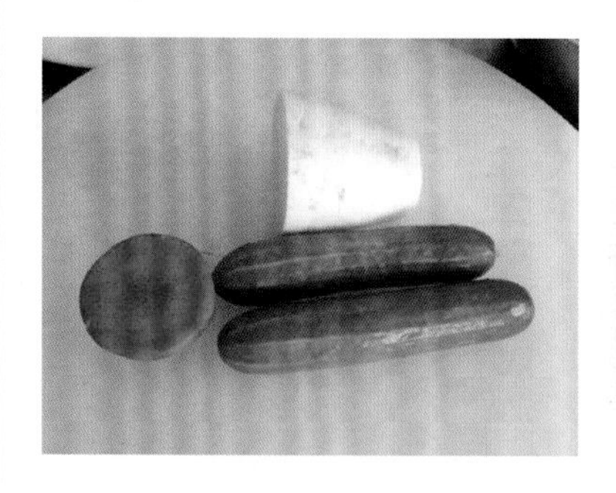

图 12-3-2

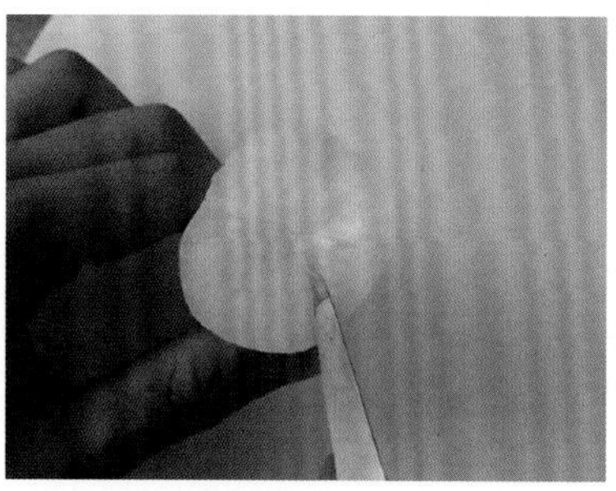

图 12-3-3

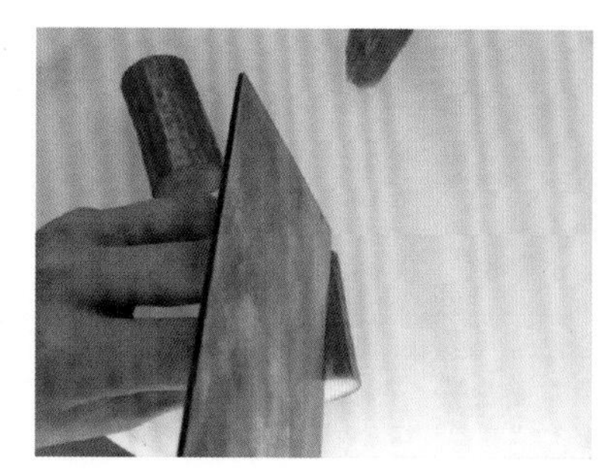

图 12-3-4

图 12-3-5

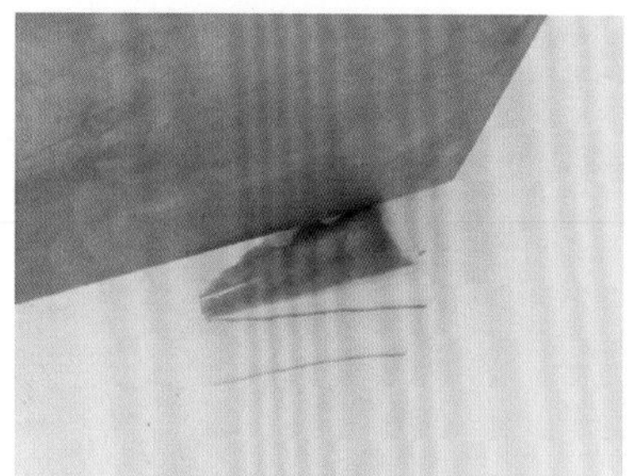

图 12-3-6

图 12-3-7

### 四、技术要领

1. 乳瓜的长度一般要与垫底白萝卜的直径相等,否则乳瓜拼摆上去后容易掉落。
2. 乳瓜片要薄,否则最后很难使其边缘呈高低起伏状。

图 12-3-8

图 12-3-9

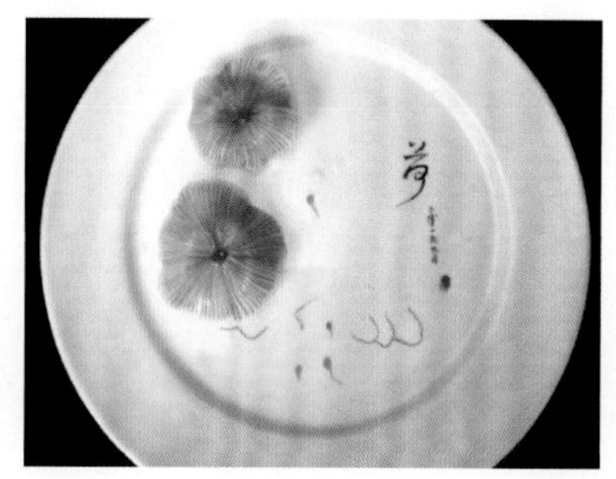

图 12-3-10

## 知识拓展

1. 荷叶还可以用什么方法垫底？
2. 本任务是正面视角的荷叶，侧面视角的荷叶如何制作？可参照图 12-3-11、图 12-3-12。

图 12-3-11

图 12-3-12

# 任务四　竹　笋

## 任务描述

本任务采取半立体拼摆方法制作竹笋，用白萝卜丝垫底，用乳瓜切片盖面，既可以练习刀工，还可以培养学生对竹笋“形”的把握能力。作品还搭配竹子、太阳等装饰物，培养学生的构图能力。

## 任务目标

1. 了解竹笋的特点。
2. 能够完成半立体竹笋的拼摆。
3. 养成认真、细致、耐心的良好习惯。

## 知识准备

竹笋(图 12-4-1),别名笋或闽笋,为多年生常绿草本植物,食用部分为初生、嫩肥、短壮的芽或鞭。竹原产中国,类型众多,适应性强,分布极广。竹笋,在我国自古被当作"菜中珍品"。

竹笋有春意盎然、生机勃勃的寓意,冷拼中也常常以竹笋、竹子为题材。

图 12-4-1

## 任务实施

### 一、原料准备

乳瓜、胡萝卜、白萝卜、心里美萝卜(图 12-4-2)等。

### 二、工具准备

砧板、菜刀、雕刻工具。

### 三、制作过程

❶ **切丝垫底** 将白萝卜切细丝,用盐水浸泡后捞出挤去多余的水分,修整成竹笋的形状摆入盘中。

❷ **修块切片** 将乳瓜切段,如图 12-4-3 所示,取块修整后用拉刀法切成整齐不乱的片待用,如图 12-4-4 所示。

❸ **拼摆** 取切好片的乳瓜,摆成三角形,如图 12-4-5 所示,移至垫好底的白萝卜丝上,从上向下依次拼摆,如图 12-4-6、图 12-4-7 所示。

❹ **装饰** 胡萝卜修成圆柱,从中间刨开(截面呈半圆),切薄片后修整摆在竹笋的下方当作"草丛",将萝卜卷切菱形后摆在盘中,如图 12-4-8 所示。

❺ **修整点缀** 雕刻竹子与竹叶,用白萝卜雕刻云朵,用胡萝卜雕刻太阳等,摆在合适的位置,最后用果酱写字即可,如图 12-4-9、图 12-4-10 所示。

图 12-4-2

图 12-4-3

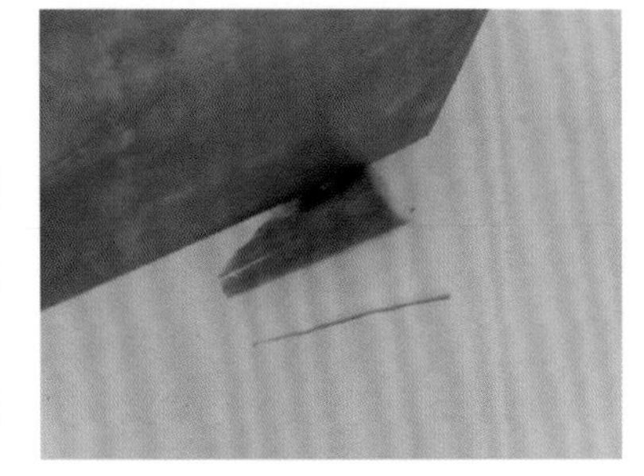

图 12-4-4

### 四、技术要领

1. 垫底用的白萝卜丝不能太粗,否则容易翘起,影响后期的拼摆。
2. 乳瓜片要切得薄,拼摆乳瓜时要"先搓后排",形状要正确。
3. 拼摆竹笋要从上向下拼摆,就是"先上后下"。

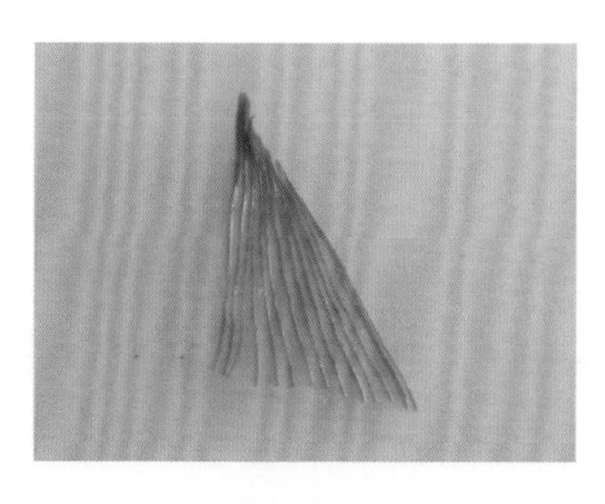

图 12-4-5

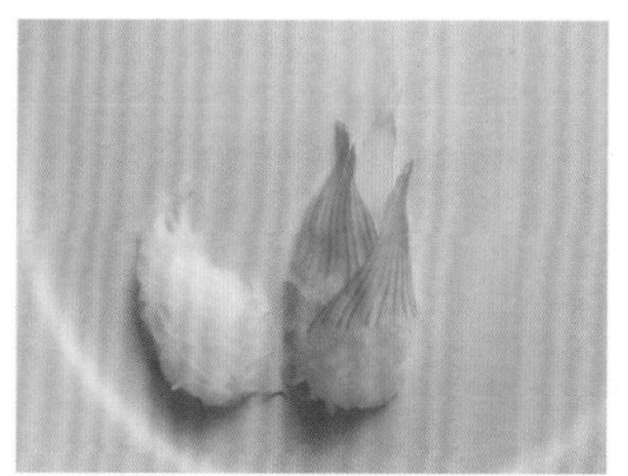

图 12-4-6

图 12-4-7

图 12-4-8

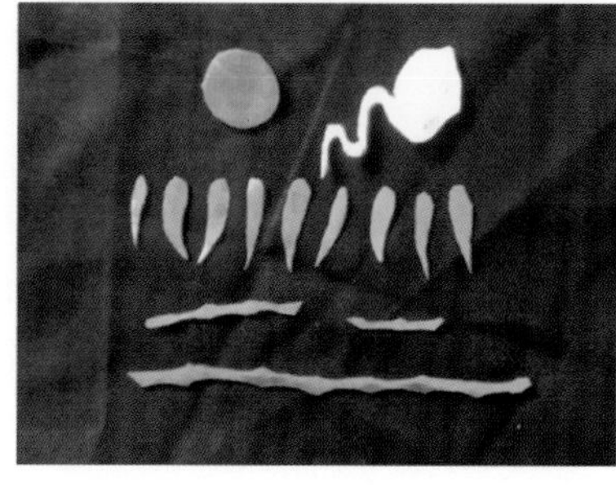

图 12-4-9

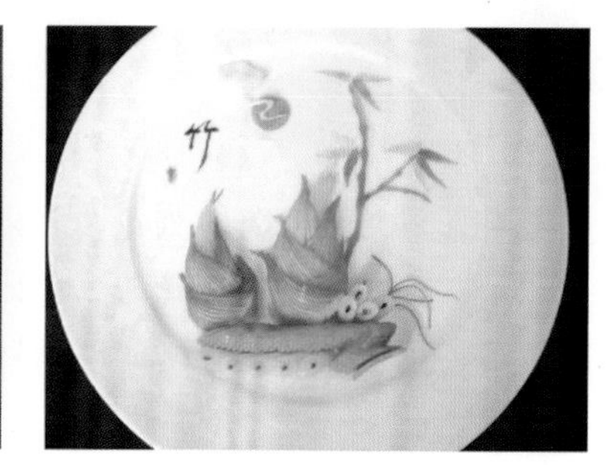


图 12-4-10

4. 装饰点缀的东西大小比例要合适、摆放位置要恰当。

## 知识拓展

1. 竹笋还可以用什么方法垫底?
2. 思考立体竹笋的拼摆方法。如何做到拼摆的片不掉落?
3. 用竹笋的拼摆方法,还可以制作哪些作品?可参照图 12-4-11、图 12-4-12。

图 12-4-11

图 12-4-12

# 任务五 牡 丹 花

## 任务描述

牡丹花有多种拼摆方式，本任务选取紫包菜为原料，采用雕刻的方式制作花瓣，借助土豆泥将花瓣固定，方法简单易学，成品效果好。假山部分则选取 5 种以上原料制作，既能体现刀工，又能增强可食性。

## 任务目标

1. 能够用紫包菜雕刻花瓣并拼摆出牡丹花。
2. 能够掌握假山与花的大小比例，主体与非主体摆放的基本原则。
3. 养成认真、细致、耐心的良好习惯。

## 知识准备

牡丹花(图 12-5-1)有洛阳花、富贵花和"花中之王"之称，原产地中国。牡丹为毛茛科芍药属落叶小灌木，不仅有极高的观赏价值，还有相当重要的药用价值。中国人民把牡丹看作是人类和平、幸福、繁华与富足的象征。

图 12-5-1

了解牡丹文化，从牡丹文化中发现更多的中国美，正是党的二十大报告提出的"必须坚持中国特色社会主义文化发展道路，增强文化自信"的很好体现。

其在烹饪中应用较多，如牡丹鱼、牡丹鸡等，冷拼也常常以牡丹为题材拼摆各种造型的冷菜。

## 任务实施

### 一、原料准备

胡萝卜、青萝卜、鸡蛋干、西芹、熟腊肠、紫包菜、西蓝花(图 12-5-2)、土豆泥等。

### 二、工具准备

砧板、菜刀、雕刻工具。

### 三、制作过程

❶ **雕刻假山、切丝垫底** 用鸡蛋干雕刻假山、切丝垫底，如图 12-5-3 所示；将白萝卜切丝，泡盐水后取出沥干，准备垫底用。

❷ **假山拼摆** 熟腊肠切椭圆形片，摆放整齐，如图 12-5-4 所示；将鸡蛋干、青萝卜、胡萝卜先修成块，然后再切片，如图 12-5-5 所示；每种原料摆放整齐后再移至盘中(用白萝卜丝垫底)，如图 12-5-6至图 12-5-8 所示；西芹、白萝卜卷装饰完成假山部分。

③ **雕刻花瓣**　紫包菜取片，用雕刻刀修成水滴形的花瓣坯料，如图 12-5-9 所示，然后再在花瓣边缘雕刻出凹凸不平的波浪纹，如图 12-5-10 所示。

④ **拼摆牡丹**　借助土豆泥将第一层 5 个花瓣固定，如图 12-5-11 所示，然后再拼摆第二层的 5 个花瓣，最后取胡萝卜一小块，切出花蕊，摆放到花中间，如图 12-5-12 所示。

⑤ **装饰点缀**　将青萝卜切片拼摆成小草，用果酱写字即可，如图 12-5-13 所示。

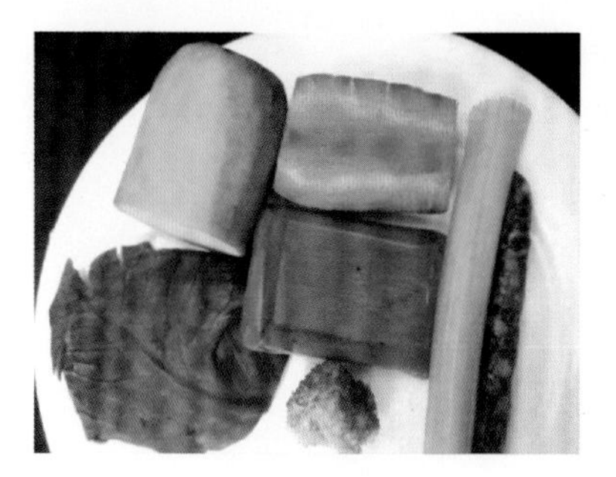

图 12-5-2

图 12-5-3

图 12-5-4

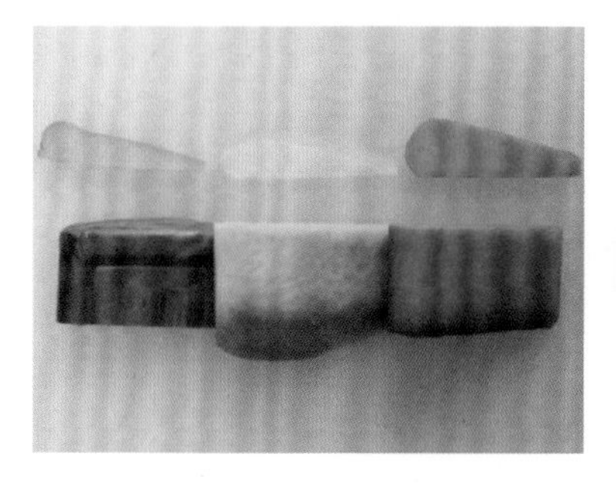

图 12-5-5

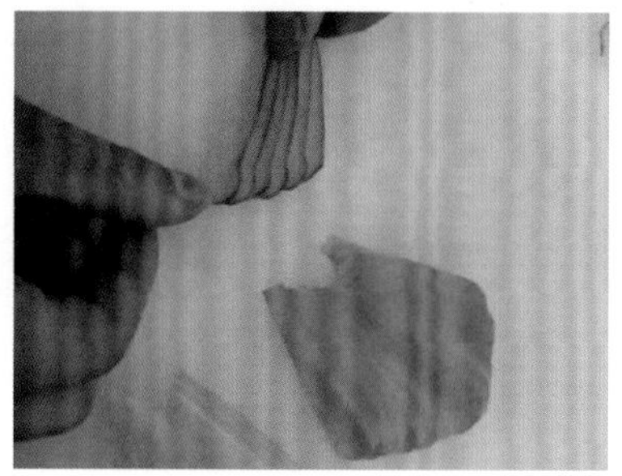

图 12-5-6

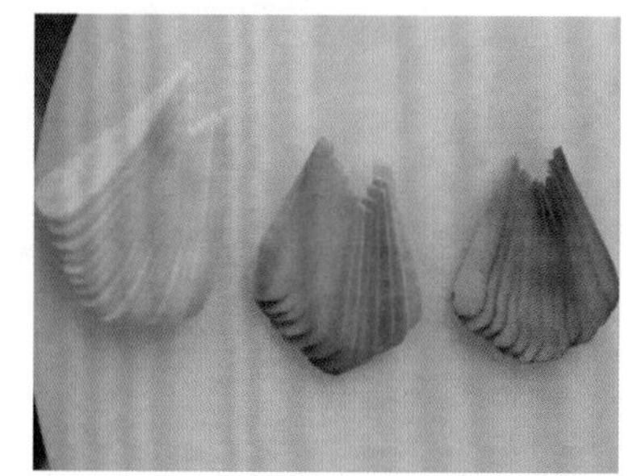

图 12-5-7

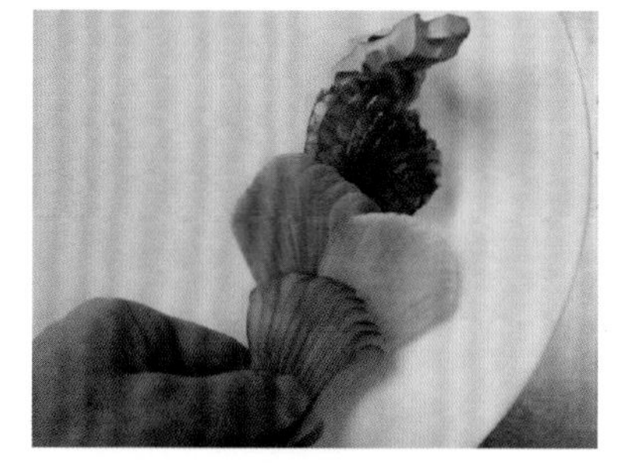

图 12-5-8

图 12-5-9

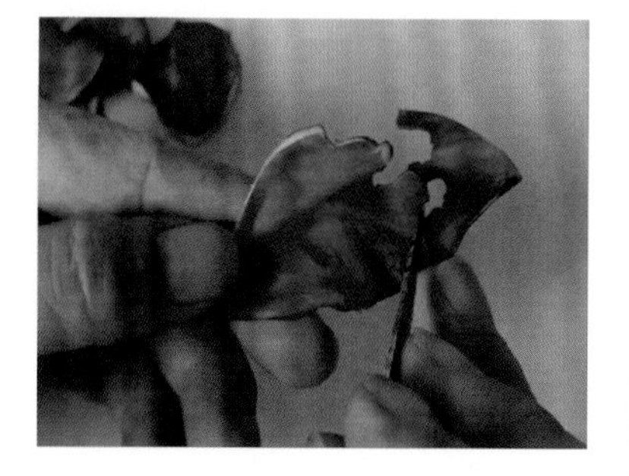

图 12-5-10

图 12-5-11

图 12-5-12

图 12-5-13

## 四、技术要领

1. 雕刻假山时先用主刀雕刻出大形，再用 U 型拉刀修整。
2. 作品假山部分的盖面，如胡萝卜、鸡蛋干，摆放时上边要呈抛物线状。
3. 雕刻牡丹花花瓣时，花瓣边缘要呈不规则的波浪边，这样拼摆出的花才更逼真。

## 知识拓展

1. 牡丹花还可以用什么原料制作，还可以如何变化？
2. 按照制作牡丹花的方法，还可以制作哪些作品？可参照图 12-5-14、图 12-5-15。

图 12-5-14

图 12-5-15

# 冷拼提高篇

## 项目导学

本项目是冷拼的最后一个章节，也是本课程的最难的项目，是基础冷拼的升华提高篇，主要介绍了冷拼原料色彩的综合运用，以及整体造型的创作设计，凸显画面感和美感。通过系统学习制作原理、基本技能以及工艺流程，使学生得到提高。

## 项目目标

知识教学目标：通过本项目的学习，使学生深入了解冷拼制作步骤和拼摆技能，熟知拼摆原理。

能力培养目标：掌握冷拼加工制作拼摆原则和技巧，能够独立制作较高难度的具有代表性的冷拼品种，成为能够胜任高级酒店冷菜制作工作的高技能人才。

职业情感目标：让学生养成遵守规程、安全操作、整洁卫生的良好习惯，并正确认识冷菜拼摆的实用性，增强对本专业的情感认知。

## 任务一 果 篮

### 任务描述

本任务以果篮为主题，有丰收之意。制作前，首先要了解拼盘构图的常用手法。本任务采用中心构图，将篮子置于作品中心位置，以突出主题。篮子的编制、水果的拼摆方法都是本任务的重点，难点在水果的拼摆。

### 任务目标

1. 了解冷拼中常用的构图方法。
2. 能够编制出果篮和拼摆出香蕉、火龙果。
3. 养成认真、细致、耐心的良好习惯。

### 知识准备

人们常将水果合理美观地包装在一个经过设计的特制的果篮(图 13-1-1)里。在日常生活中拜亲访友时，往往会带上果篮作为礼物，馈赠朋友，以表达心意，交流感情。篮子一般用藤条编制而成，

水果品种丰富，颜色鲜艳，可以随意选择。冷拼中制作果篮，也有祝福、丰收之意。

图 13-1-1

**任务实施**

## 一、原料准备

心里美萝卜、南瓜糕、青萝卜、白萝卜、西式火腿、乳瓜、胡萝卜、熟澄面等。

## 二、工具准备

砧板、菜刀、雕刻工具。

## 三、制作过程

❶ **制作藤条**　将白萝卜切成长约 25 厘米的大片，用拉刻刀拉出纹路，然后改刀切成宽约 1 厘米的长条 8 根、宽 0.5 厘米的长条 4 根，放入调好的酱汁中浸泡（图 13-1-2、图 13-1-3）。

❷ **捏形垫底**　用熟澄面捏出篮子（图 13-1-4）、香蕉、火龙果、枇杷的坯形备用。

❸ **编制篮子**　浸泡好的萝卜条取出后，先在砧板上编制，然后移到篮子坯料上，再用刀具切除多余的料，制作好篮子提手，一同移至盘中（图 13-1-5 至图 13-1-7）。

❹ **水果拼摆**　用心里美萝卜制作火龙果，用南瓜糕制作香蕉和枇杷，然后移至篮子中（图13-1-8 至图 13-1-12）。

❺ **制作假山**　乳瓜、胡萝卜、白萝卜、西式火腿等制作假山（图 13-1-13）。

❻ **装饰点缀**　用青萝卜皮雕刻作品名字、叶子等装饰即可（图 13-1-14）。

图 13-1-2

图 13-1-3

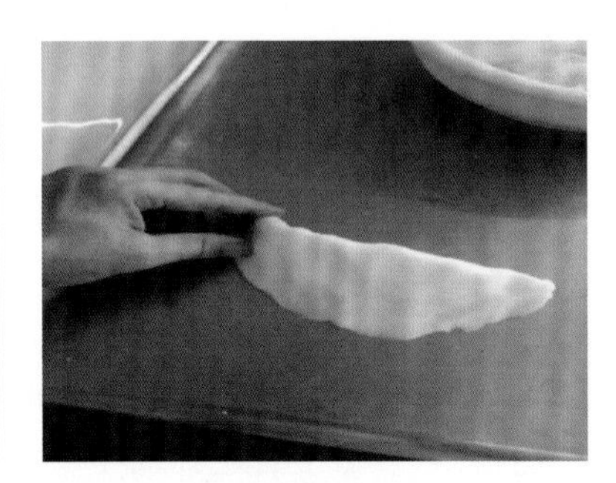

图 13-1-4

图 13-1-5

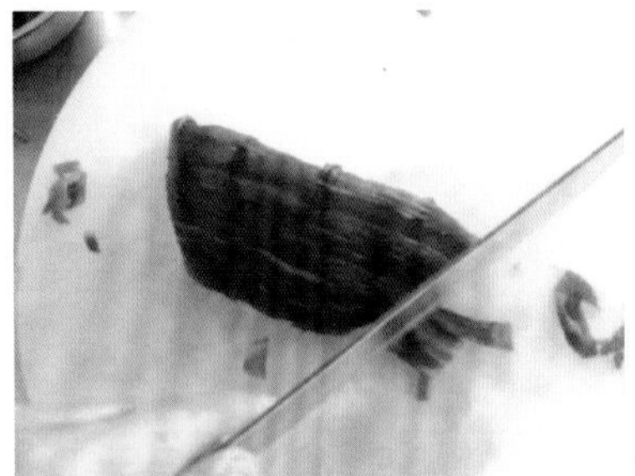

图 13-1-6

图 13-1-7

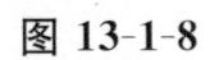
图 13-1-8

图 13-1-9

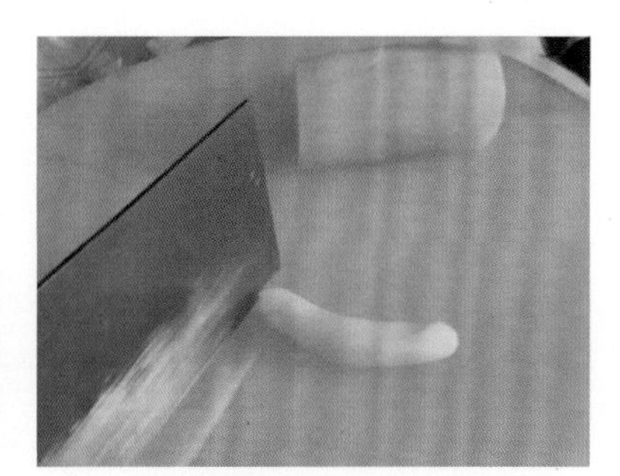

图 13-1-10

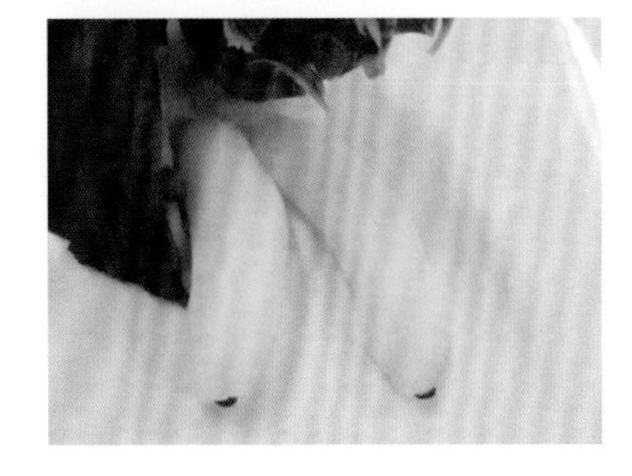

图 13-1-11

图 13-1-12

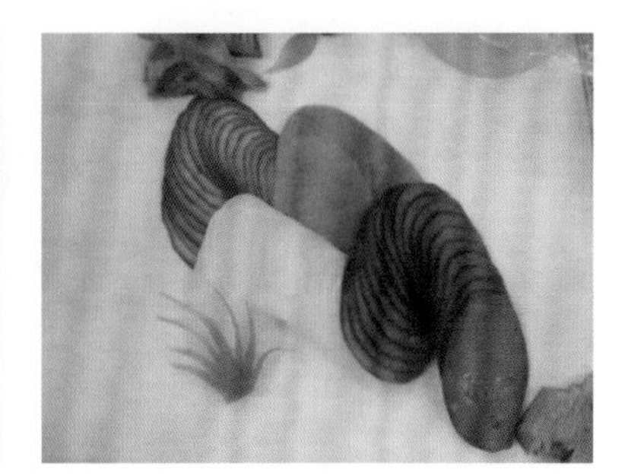

图 13-1-13

## 四、技术要领

1. 编制篮子时，横向的萝卜条要宽，纵向的萝卜条要窄。
2. 拼摆水果时，片要切得薄，否则较难粘到坯形上面。

## 知识拓展

1. 篮子的拼摆除了采用编制的方法，还可以采用哪些方法制作？
2. 根据火龙果、香蕉的拼摆方法，还可以制作哪些蔬果？可参照图 13-1-15、图 13-1-16。

图 13-1-14

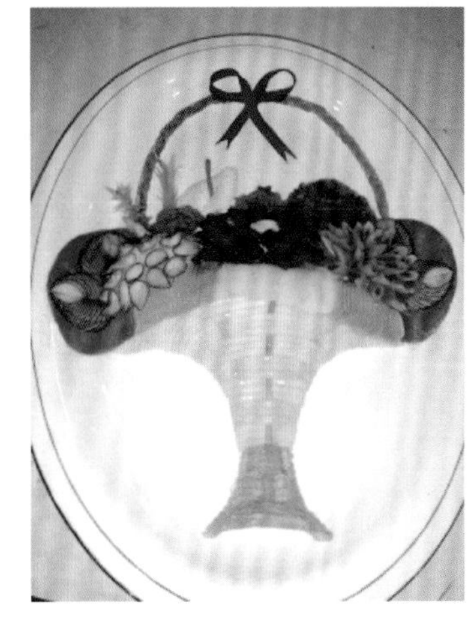

图 13-1-15

图 13-1-16

# 任务二 丝路情

## 任务描述

本任务中以多种原料拼摆而成的立体假山为主体，搭配塔、城墙，使其具有西域地点，最后用萝卜雕刻骆驼点缀，更能突出主题，起到画龙点睛的效果。

## 知识目标

1. 能够借助图片，雕刻拼摆出丝绸之路造型。
2. 掌握立体假山的拼摆方法，了解突出主题常用的方法。
3. 养成认真、细致、耐心的良好习惯。

## 知识准备

丝绸之路(图 13-2-1)是起始于古代中国的一条横贯亚洲、连接欧亚大陆的商贸通道，在促进东西方之间文化的交流上发挥了极其重要的作用。

图 13-2-1

当今世界丝绸之路也被赋予了更加丰富的内涵，对促进沿线各国的经贸合作、经济发展和文化交流具有重要意义。

2013 年 9 月和 10 月由中国国家主席习近平先后提出共建“丝绸之路经济带”和“21 世纪海上丝绸之路”的合作倡议(简称“一带一路”)。党的二十大报告提出：“我们实行更加积极主动的开放战略，构建面向全球的高标准自由贸易区网络，加快推进自由贸易试验区、海南自由贸易港建设，共建‘一带一路’成为深受欢迎的国际公共产品和国际合作平台。”

## 任务实施

### 一、原料准备

白萝卜、胡萝卜、青萝卜、心里美萝卜、大根、樱桃萝卜、乳瓜、鸡蛋干、方火腿、青笋、皮蛋肠(图 13-2-2)。

### 二、工具准备

砧板、切刀、雕刻工具。

### 三、制作过程

❶ **制作假山** 准备好所有的原料，将原料改刀成大小不一的水滴型，用拉刀法切片，拼摆出假山的形状，移到盘中做出立体型假山(图 13-2-3 至图 13-2-6)。

❷ **制作塔** 选用一块鸡蛋干用切刀修改成梯形，用切刀切出大小均匀的 7 层厚片，每层之间等距排开，表现出层次，再用鸡蛋干切出一个三角形做出塔尖，用小号 U 型戳刀戳出塔门，放入盘中(图 13-2-7 至图 13-2-9)。

❸ **制作门洞**　将方火腿切成梯形，用 U 型戳刀戳出三个门洞，雕刻成梯形城墙门洞，放入盘中（图 13-2-10）。

❹ **营造效果**　将胡萝卜切片，用主刻刀雕刻出丝绸之路效果造型（图 13-2-11）。

❺ **装饰点缀**　用皮蛋肠雕刻石头，青萝卜皮雕刻柳树与平面骆驼，再用假山、小草等点缀即可（图 13-2-12、图 13-2-13）。

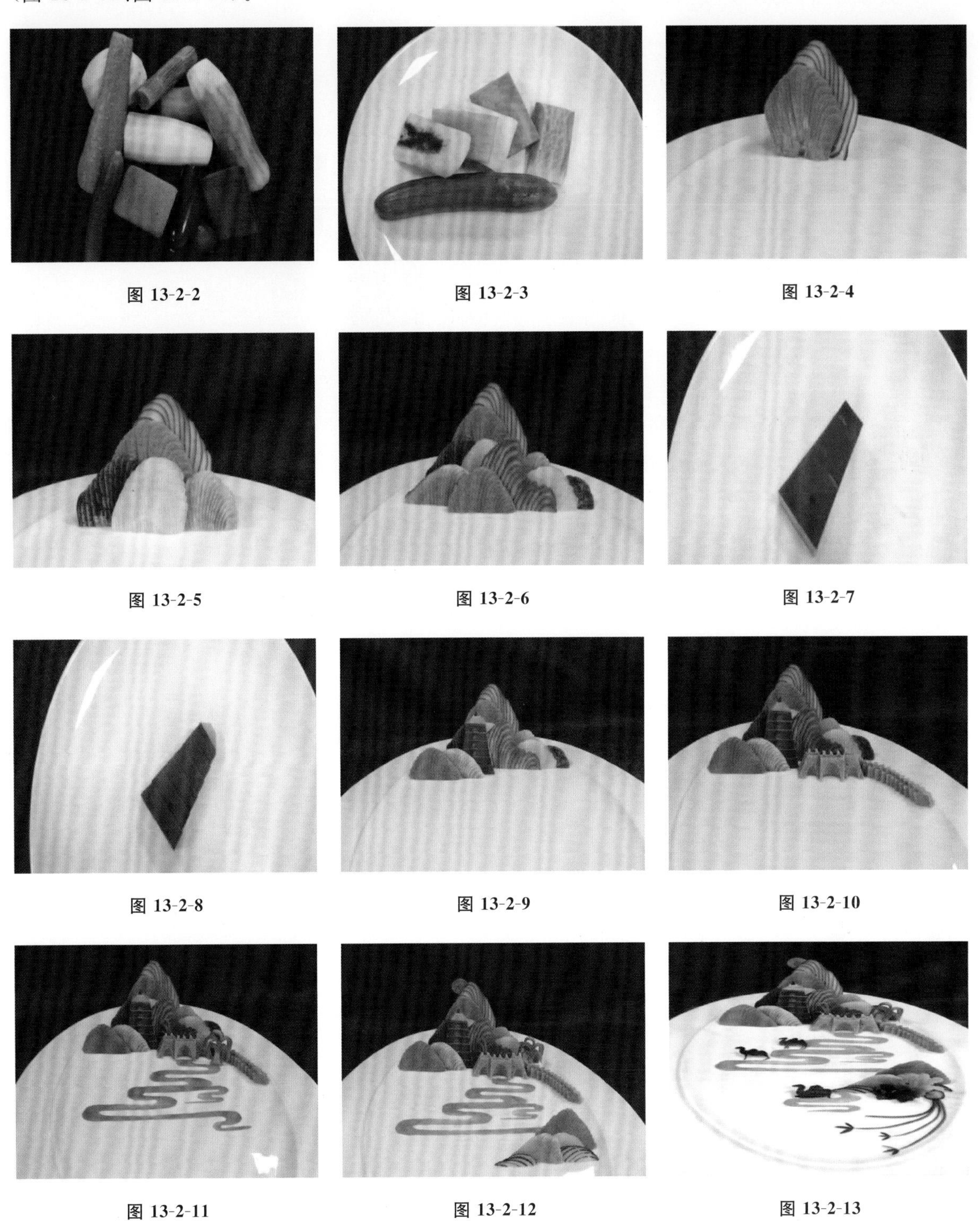

图 13-2-2　图 13-2-3　图 13-2-4

图 13-2-5　图 13-2-6　图 13-2-7

图 13-2-8　图 13-2-9　图 13-2-10

图 13-2-11　图 13-2-12　图 13-2-13

### 四、技术要领

1. 注意色彩搭配，构图合理。
2. 制作假山时要求刀工精细，纹路清晰，拼摆手法细腻，成立体式。
3. 大雁塔要求横平竖直、形象逼真。
4. 路面的弧度应优美。

#### 知识拓展

运用丝绸之路的主题概念拼摆，还可以制作哪些作品？可参照图 13-2-14、图 13-2-15。

图 13-2-14

图 13-2-15

## 任务三 锦　鸡

#### 任务描述

锦鸡是典型的立体冷拼代表，本任务主要通过学习作品的整体构图、垫底、原料加工、刀工处理、拼摆、装饰环节，了解立体拼盘的制作方法与技巧。

#### 知识目标

了解锦鸡的特点，掌握锦鸡的拼摆方法，掌握锦鸡头、爪、尾巴的雕刻技法，能熟练完成锦鸡作品。

#### 知识准备

图 13-3-1

锦鸡(图 13-3-1)，在中国许许多多的国画、刺绣、陶瓷等传统工艺品中都能找到它的身影，它不仅是灵活、智慧、优雅的代名词，更多的是可代表对人们前途光明与飞黄腾达的美好祝福。本主题采用锦鸡作为重要主体，其雄姿盎然的形态表达更加体现出其精神与生机。

## 任务实施

### 一、原料准备

胡萝卜、白萝卜、心里美萝卜、竹笋、午餐肉、猪耳卷、西蓝花、虾仁、鱼蓉卷、冬瓜皮、花生酱、熟澄面、植物黄油等。

### 二、工具准备

砧板、菜刀、雕刻工具。

### 三、制作过程

❶ **垫底**　将午餐肉压成泥，与熟澄面一起混合均匀，然后用手捏成锦鸡的身体形状（图 13-3-2）。

❷ **雕刻配件、尾巴**　用胡萝卜雕刻出头、爪等配件，并摆放到捏成型的身体上，观察大小比例；用黑色琼脂糕雕刻出长短不同的尾巴，并摆放好（图 13-3-3 至图 13-3-5）。

❸ **拼摆身体**　将红椒、竹笋切成长尖形片，做出尾巴的小羽；将胡萝卜、心里美萝卜、竹笋修成羽毛形状，然后拉成薄片，单向推开均匀地贴在锦鸡垫底料的表面用作羽毛；将鱼蓉卷切片拼摆背后羽毛及翅膀羽毛（图 13-3-6 至图 13-3-10）。

❹ **拼摆假山**　午餐肉、火腿肠、猪耳卷、鱼蓉卷、虾仁、西蓝花等拼摆出假山（图 13-3-11）。

❺ **装饰**　用冬瓜皮刻出主题字、叶子等，用胡萝卜、心里美萝卜刻出喇叭花装饰（图 13-3-12、图 13-3-13）。

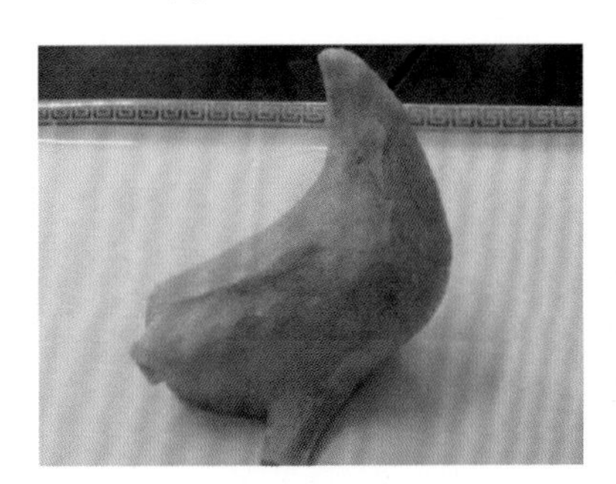

图 13-3-2

图 13-3-3

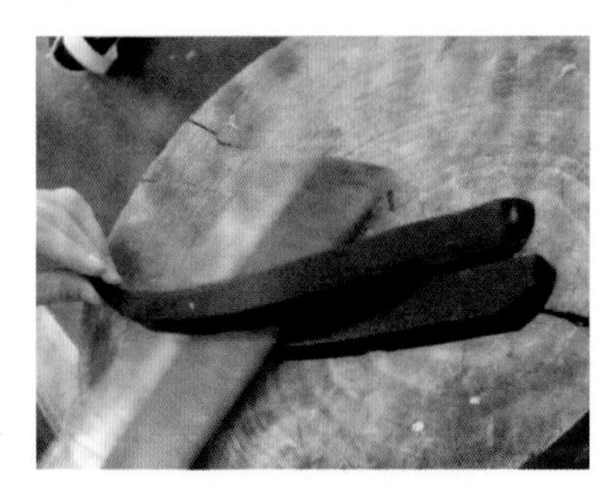

图 13-3-4

图 13-3-5

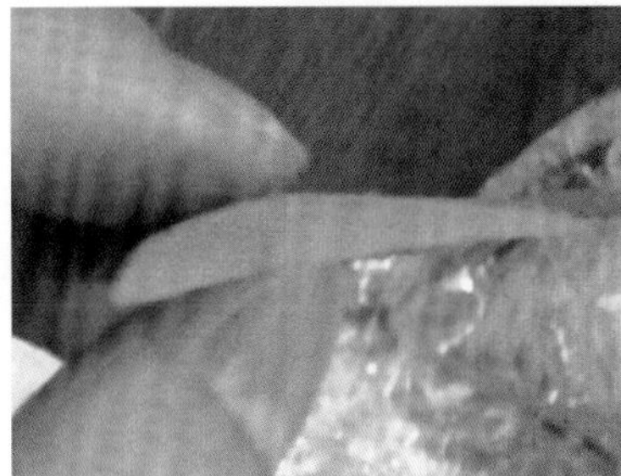

图 13-3-6

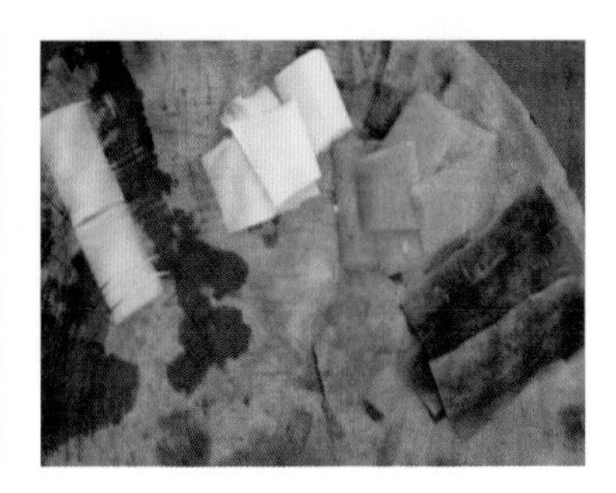

图 13-3-7

图 13-3-8　图 13-3-9　图 13-3-10

图 13-3-11　图 13-3-12　图 13-3-13

## 四、技术要领

1. 垫底材料的形状及动作决定锦鸡整体成品出来后的神韵，所以至关重要。
2. 拼摆羽毛时应该合理搭配颜色，并用颜色突出翅膀。

## 知识拓展

1. 制作锦鸡作品，还可以搭配哪些元素？可参照图 13-3-14、图 13-3-15。
2. 学会了锦鸡的制作方法，您会制作小鸟、老鹰等其他鸟类吗？

图 13-3-14

图 13-3-15

# 任务四 富贵牡丹

## 任务描述

富贵牡丹是典型的立体冷拼代表，也是冷拼中常用很好的题材。本任务主要通过学习作品的整体构图、垫底、原料加工、刀工处理、拼摆、装饰等，了解立体冷拼的制作方法与技巧。

## 知识目标

1. 能够借助图片，雕刻拼摆出富贵牡丹造型。
2. 掌握构图合理、原料大小控制得当的原理和枝、叶雕刻技法、拼摆方法。
3. 养成认真、细致、耐心的良好习惯。

## 知识准备

牡丹(图 13-4-1)有“国色天香”之称，而欧阳修又曰：“天下真花独牡丹。”牡丹也是“富贵”的象征。所以，很多人都会在他人开张时送牡丹图画，以代表“富贵”的祝福。

图 13-4-1

## 任务实施

### 一、原料准备

胡萝卜、青萝卜、白萝卜、心里美萝卜、乳瓜、虾仁、鸡肉肠、方火腿、皮蛋肠、茶干、花生酱、熟澄面、植物油等。

### 二、工具准备

砧板、菜刀、雕刻工具。

### 三、制作过程

❶ **垫底** 熟澄面混合均匀，然后用手捏成中间凹的五角形(图 13-4-2)。

❷ **花瓣造型** 将胡萝卜、心里美萝卜修出花瓣坯形，放入盐水中腌渍并切片，在手掌中按压成型(图 13-4-3 至图 13-4-7)。

❸ **拼摆花瓣** 将按压成型的花瓣(胡萝卜、心里美萝卜修出的)，拼摆成牡丹花，再放入胡萝卜做成的花蕊(图 13-4-8 至图 13-4-11)。

❹ **雕刻配件** 用茶干、青萝卜雕刻出屋檐、树叶，并摆放好(图 13-4-12)。

❺ **画出枝干** 将牡丹花拼摆在枝干上，观察大小比例，制作并摆放好树叶(图 13-4-13 至图 13-4-15)。

❻ **拼摆假山** 用火腿肠、鸡肉肠、皮蛋肠、白萝卜卷、虾仁、西蓝花等拼摆出假山(图 13-4-16)。

❼ **装饰** 用冬瓜皮刻出主题字、叶子等装饰(图 13-4-17)。

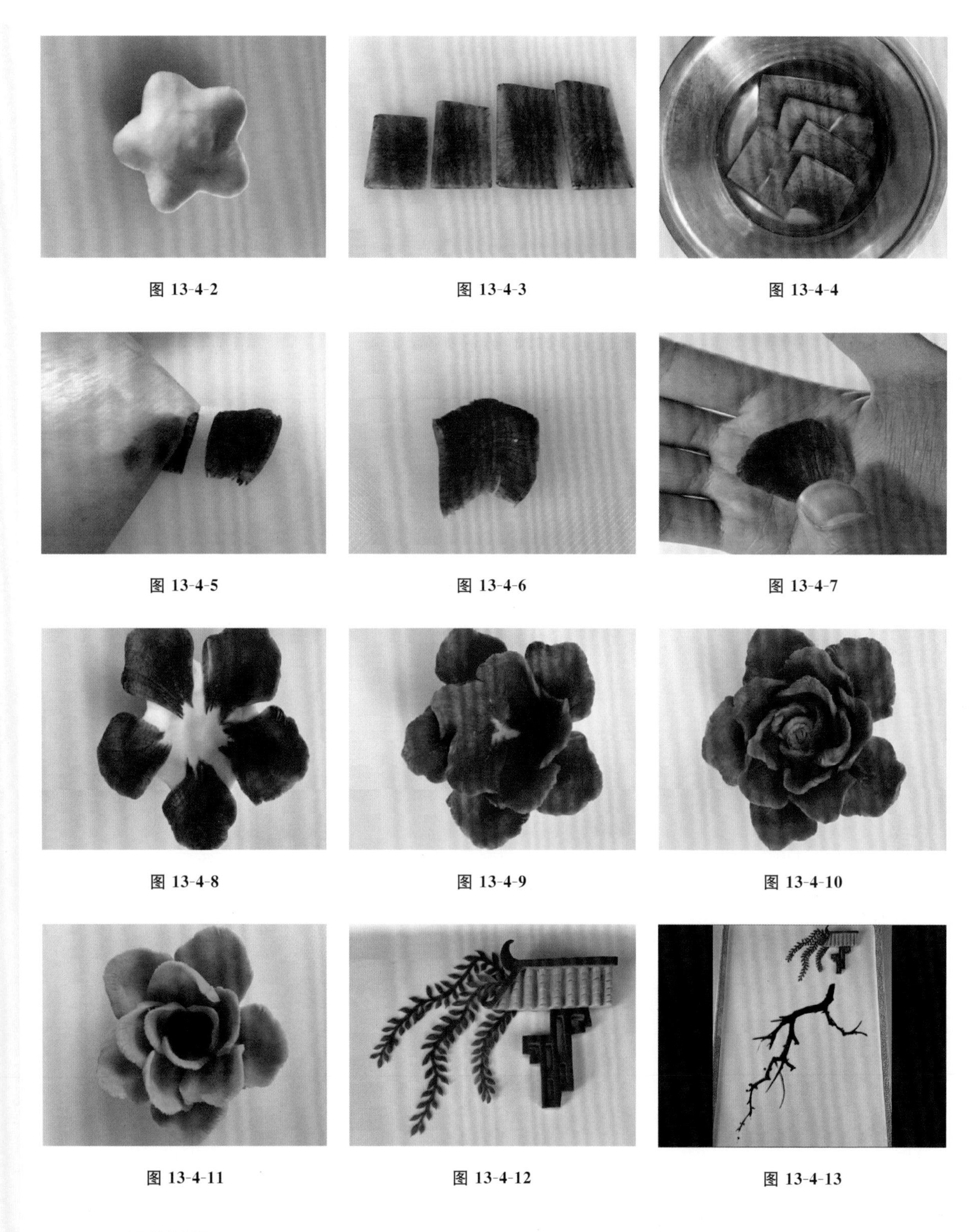

图 13-4-2　图 13-4-3　图 13-4-4

图 13-4-5　图 13-4-6　图 13-4-7

图 13-4-8　图 13-4-9　图 13-4-10

图 13-4-11　图 13-4-12　图 13-4-13

## 四、技术要领

1. 牡丹花垫底材料的形状及花瓣拼摆决定成品出来后的神韵，所以至关重要。

2. 假山要求刀工精细，纹路清晰，拼摆手法细腻成立体式。

图 13-4-14

图 13-4-15

图 13-4-16

图 13-4-17

## 知识拓展

1. 制作富贵牡丹作品，还可以搭配哪些元素？

2. 学会了富贵牡丹的制作方法，您会制作其他花类吗？